概率与统计导学教程

主 编 陈仲堂

北京理工大学出版社
BEIJING INSTITUTE OF TECHNOLOGY PRESS

内 容 简 介

本书是按照国家对非数学类本科生概率论与数理统计课程的基本要求，配套陈仲堂、赵德平主编的教材《概率论与数理统计》（高等教育出版社）而编写的导学教程，是学习指导书.

全书分为七章：随机事件及其概率、一维随机变量及其分布、多维随机变量及其分布、随机变量的数字特征、大数定律及中心极限定理、样本及抽样分布、参数估计. 按照讲课次序对每次课的教学内容进行了概括性总结，既有重点、难点，也有概念、性质、定理及公式的梳理，并配有同步习题.

本书可作为概率论与数理统课程的配套资料使用，也可为使用该教材的教师提供教学参考和依据.

图书在版编目（CIP）数据

概率与统计导学教程／陈仲堂主编. —北京：北京理工大学出版社，2020.2
ISBN 978-7-5682-8138-6

Ⅰ. ①概…　Ⅱ. ①陈…　Ⅲ. ①概率论-高等学校-教材 ②数理统计-高等学校-教材
Ⅳ. ①O21

中国版本图书馆 CIP 数据核字（2020）第 022632 号

出版发行／北京理工大学出版社有限责任公司
社　　址／北京市海淀区中关村南大街 5 号
邮　　编／100081
电　　话／（010）68914775（总编室）
　　　　　（010）82562903（教材售后服务热线）
　　　　　（010）68948351（其他图书服务热线）
网　　址／http://www.bitpress.com.cn
经　　销／全国各地新华书店
印　　刷／北京国马印刷厂
开　　本／787 毫米×1092 毫米　1/16
印　　张／7.25　　　　　　　　　　　　　　责任编辑／多海鹏
字　　数／172 千字　　　　　　　　　　　　文案编辑／孟祥雪
版　　次／2020 年 2 月第 1 版　2020 年 2 月第 1 次印刷　　责任校对／刘亚男
定　　价／25.00 元　　　　　　　　　　　　责任印制／李志强

前　言

　　本书是配套陈仲堂、赵德平主编的教材《概率论与数理统计》（高等教育出版社）而编写的导学教程．根据教学安排，其对每次课的教学内容进行了概括性总结，既有重点、难点，也有概念、性质、定理及公式的梳理，并配有同步习题，本书主要面向理工科院校的学生，既可作为概率论与数理统计课程的配套练习册，也可为使用该教材的教师提供教学参考．

　　编写本书，主要是为了满足广大工科、经济类、管理类等非数学专业的学生学习概率论与数理统计课程的需要．编者期望本书能对提高概率与统计类课程的教学质量有所助益，帮助学生实现概率与统计类课程的学习目标．

　　本书按照讲课次序概括了该门课教学大纲所要求的全部知识点，并安排了相对应的练习题，题型包括填空题、选择题、计算题和证明题，习题选取以基础性习题为主，主要侧重基本概念、基础知识和基本技能的训练，突出教材重点、难点；同时，在本书中适当融入了一些以往的考研试题、提高能力试题及学生运用知识解决实际问题的习题，帮助学生掌握基础知识，培养学生素质，提高学生综合运用知识解决实际问题的能力．

　　本书第一章由隋英编写；第二章由李汉龙编写；第三章由闫红梅编写；第四章由郑莉编写；第五章由艾瑛编写；第六章由孙海义编写；第七章由刘丹编写．全书由陈仲堂、孙常春统稿，由靖新、陈仲堂主审．

　　由于编者水平有限，疏漏之处在所难免，在此恳请广大读者给予批评和指正．

编　者

目　录

课程名称：　　　　　　　学习时间：　　　　　　　年　月　日

授课章节	第一章　随机事件及其概率 1.1 随机试验、样本空间及样本点 1.2 随机事件及其运算
目的要求	了解随机试验、样本空间、随机事件的概念，掌握事件之间的关系与运算
重点难点	事件之间的关系与运算

主要内容　　　　　　　　　　　　　　　　　**学习笔录：**

一、随机试验、样本空间及样本点

（1）随机试验. 在概率论中，将满足以下特点的试验称为随机试验：

① 可以在相同的条件下重复进行；

② 每次试验的可能结果不止一个，并且能事先明确试验的所有可能结果；

③ 进行一次试验之前不能确定哪一个结果会出现.

（2）样本空间：将随机试验 E 的所有可能结果组成的集合称为 E 的样本空间，记为 S.

（3）样本点：样本空间的元素，即 E 的每个结果，称为样本点.

（4）随机事件：把随机试验 E 的样本空间 S 的子集称为 E 的随机事件，简称为事件，通常记为：A，B，C，…. 在每次试验中，当且仅当子集 A 中的一个样本点出现时，称事件 A 发生.

（5）基本事件：由一个样本点组成的单点集，称为基本事件.

（6）必然事件：样本空间 S 包含所有的样本点，它是 S 自身的子集，在每次试验中它总是发生，称为必然事件.

（7）不可能事件：空集 $\varnothing$ 不包含任何样本点，它作为样本空间的子集，在每次试验中都不发生，称为不可能事件.

二、随机事件的关系及运算

1. 随机事件的关系及运算的概念

设试验 E 的样本空间为 S，而 A、B、A_k（其中 $k = 1$，2，…）是 S 的子集.

（1）事件的包含：事件 A 发生必然导致事件 B 发生，则称事件 B 包含事件 A，记作 $A \subset B$.

（2）事件的相等：若 $A \subset B$ 且 $B \subset A$，即 $A = B$，则称事件 A 与事件 B 相等.

(3) 和事件：事件 A、B 至少有一个发生，称为事件 A 与事件 B 的和事件，记作 $A \cup B$.

类似地，称 $\overset{n}{\underset{k=1}{\cup}} A_k$ 为 n 个事件 A_1，A_2，$\cdots$，A_n 的和事件；称 $\overset{+\infty}{\underset{k=1}{\cup}} A_k$ 为可列个事件 A_1，A_2，$\cdots$ 的和事件.

(4) 积事件：事件 A、B 同时发生，称为事件 A 与事件 B 的积事件，记作 $A \cap B$ 或 AB.

类似地，称 $\overset{n}{\underset{k=1}{\cap}} A_k$ 为 n 个事件 A_1，A_2，$\cdots$，A_n 的积事件；称 $\overset{+\infty}{\underset{k=1}{\cap}} A_k$ 为可列个事件 A_1，A_2，$\cdots$ 的积事件.

(5) 差事件：事件 A 发生、事件 B 不发生，称为事件 A 与事件 B 的差事件，记作 $A - B$，或 $A\bar{B}$.

(6) 互不相容(互斥)事件：事件 A、B 不能同时发生，称事件 A 与事件 B 为互不相容(互斥)事件，记作 $A \cap B = \varnothing$.

(7) 对立(逆)事件：对每次试验而言，事件 A、B 中必有一个发生，且仅有一个发生，称事件 A 与事件 B 为对立(逆)事件. A 的对立事件，记为 $\bar{A}$.

A 和 $\bar{A}$ 满足：$A \cup \bar{A} = S$，$A\bar{A} = \varnothing$，$\bar{\bar{A}} = A$.

2. 随机事件的关系及运算的性质

(1) 交换律：
$$A \cup B = B \cup A, \quad A \cap B = B \cap A$$

(2) 结合律：
$$A \cup (B \cup C) = (A \cup B) \cup C$$
$$A \cap (B \cap C) = (A \cap B) \cap C$$

(3) 分配律：
$$A \cup (B \cap C) = (A \cup B) \cap (A \cup C)$$
$$A \cap (B \cup C) = (A \cap B) \cup (A \cap C)$$

(4) 德·摩根律：
$$\overline{A \cup B} = \bar{A} \cap \bar{B}, \quad \overline{A \cap B} = \bar{A} \cup \bar{B}$$

本次课作业

设 A，B，C 是三个随机事件，试用 A，B，C 的运算关系表示下列各事件：

(1) 只有 A 发生；

(2) A 和 B 都发生而 C 不发生；

(3) A、B、C 都发生；

(4) A、B、C 至少有一个发生；

(5) 恰有一个事件发生；

(6) 不多于两个事件发生；

(7) 三个事件都不发生.

授课章节	第一章　随机事件及其概率 1.3 频率与概率 1.4 古典概型（等可能概型）
目的要求	了解概率的定义，掌握概率的基本性质并应用其计算概率；掌握等可能概型的公式，会计算等可能概型的概率
重点难点	应用概率的基本性质计算概率，计算等可能概型的概率

主要内容	学习笔录：

一、概率

1. 概率

设 E 是随机试验，S 是它的样本空间，对 E 的每一个事件 A 赋予一个实数，记为 $P(A)$，称为随机事件 A 的概率，且集合函数 $P(\cdot)$ 满足下列条件：

(1) 非负性：对于每一个事件 A，有 $P(A) \geq 0$；

(2) 规范性：对于必然事件 S，有 $P(S) = 1$；

(3) 可列可加性：设 A_1，A_2，$\cdots$ 是两两互不相容的事件，即对于 $i \neq j$，$A_i A_j = \varnothing$，i，$j = 1$，2，$\cdots$，则有：

$$P(A_1 \cup A_2 \cup \cdots) = P(A_1) + P(A_2) + \cdots$$

2. 概率的性质

(1) $P(\varnothing) = 0$.

(2) 若 A_1，A_2，$\cdots$，A_n 是两两互不相容的事件，则有：

$$P(A_1 \cup A_2 \cdots \cup A_n) = P(A_1) + P(A_2) + \cdots P(A_n)$$

(3) 设 A、B 是两个事件，若 $A \subset B$，则有：

$$P(B - A) = P(B) - P(A)，\quad P(B) \geq P(A)$$

(4) 对于任一事件 A，有 $P(A) \leq 1$.

(5) 对于任一事件 A，有 $P(\overline{A}) = 1 - P(A)$.

(6) 对于任意两个事件 A、B，有：

$$P(A \cup B) = P(A) + P(B) - P(AB)$$

对于任意三个事件 A、B、C，有：

$$P(A \cup B \cup C) = P(A) + P(B) + P(C) - P(AB) - P(BC) - P(AC) + P(ABC)$$

一般地，对于任意 n 个事件 A_1，A_2，$\cdots$，A_n，则有：

$$P(A_1 \cup A_2 \cup \cdots \cup A_n) = \sum_{i=1}^{n} P(A_i) - \sum_{1 \leq i < j \leq n} P(A_i A_j) +$$

$$\sum_{1 \leq i < j < k \leq n} P(A_i A_j A_k) + \cdots + (-1)^{n+1} P(A_1 A_2 \cdots A_n)$$

3. 和事件的概率常用结论

和事件的概率常用结论有：

$(1) P(A \cup B) = P(A) + P(B\overline{A}) = P(A) + P(B - A)$；

$(2) P(A \cup B) = P(B) + P(A\overline{B}) = P(B) + P(A - B)$；

$(3) P(A \cup B) = P(A\overline{B}) + P(\overline{A}B) + P(AB)$；

$(4) P(A \cup B) = 1 - P(\overline{A \cup B}) = 1 - P(\overline{A}\ \overline{B}) = 1 - P(\overline{A})P(\overline{B})$，$A$、$B$ 独立时．

4. 差事件的概率常用结论

差事件的概率常用结论有：

(1) 对任意事件 A、B，有 $P(A - B) = P(A\overline{B}) = P(A) - P(AB)$；

(2) 若 $A \supset B$，则 $P(A - B) = P(A) - P(B)$；

(3) 若 $AB = \varnothing$，则 $P(A - B) = P(A)$；

$(4) P(A - B) = P(A) - P(A)P(B)$，$A$、$B$ 独立时．

二、等可能概型

1. 等可能概型

如果随机试验 E 满足下列特点：

(1) 试验的样本空间只包含有限个元素；

(2) 试验中每个基本事件发生的可能性是相同的．这样的试验称为等可能概型，也称为古典概型．

若古典概型的样本空间 S 中包含的基本事件的总数是 n，事件 A 包含的基本事件个数是 m，则事件 A 的概率为：

$$P(A) = \frac{m}{n}$$

2. 几何概型

古典概型是在有限样本空间下进行的，为了克服这种局限性，将古典概型推广为几何概型．

如果一个试验具有以下两个特点：

(1) 样本空间 S 是一个大小可以计量的几何区域（如线段、平面、立体）；

(2) 向区域内任意投一点，落在区域内任意点处都是"等可能的"．

那么，事件 A 的几何概率由下式计算：

$$P(A) = \frac{A \text{ 的计量}}{S \text{ 的计量}}$$

本次课作业

1. 已知 $P(A) = P(B) = P(C) = \dfrac{1}{4}$，$P(AB) = \dfrac{1}{6}$，$P(AC) = P(BC) = 0$，求 A、B、C 均不发生的概率.

2. 已知 A、B 两事件满足条件 $P(AB) = P(\overline{A}\,\overline{B}) = q$，且 $P(A) = p$，求 $P(B)$、$P(\overline{A}B)$.

3. 设有 n 个人，每个人都等可能地被分配到 N 个房间的任意一间去住 $(n \leq N)$，求下列事件的概率：
   (1) 指定的 n 个房间各住 1 人；
   (2) 恰好有 n 个房间，其中各住 1 人.

4. 从 5 个数字 1、2、3、4、5 中等可能地、有放回地连续抽取 3 个数字，试求下列事件的概率：

(1) $A = \{3$ 个数字完全不同$\}$；

(2) $B = \{3$ 个数字不含 1 和 5$\}$；

(3) $C = \{3$ 个数字中 5 恰好出现两次$\}$；

(4) $D = \{3$ 个数字中至少有一次出现 5$\}$.

5. 将 3 个球随机地放到 4 个杯子中去，求杯子中球的最大个数分别为 1、2、3 的概率.

6. 电话号码由 8 位数字组成，每个数字可以是 0，1，2，3，…，9 中任一数字，求电话号码由完全不同的数字组成的概率.

7. 从 1 ~ 100 的 100 个整数中随机地取一个数，求它能被 6 或 8 整除的概率.

8. 一批零件共有100个，次品率为10%，从中连续取两次，每次取一件(不放回抽样)，求：

(1) 第二次才取到正品的概率；

(2) 第二次取到正品的概率.

9. 在长度为 c 的线段内任取两点将其分成三段，求它们可以构成一个三角形的概率.

授课章节	第一章　随机事件及其概率 1.5　条件概率与乘法公式
目的要求	了解条件概率的定义，掌握乘法公式，会应用全概率公式和贝叶斯公式
重点难点	利用乘法公式、全概率公式和贝叶斯公式计算概率

主要内容

1. 条件概率

设 A、B 是两个事件，且 $P(A) > 0$，则称：

$$P(B \mid A) = \frac{P(AB)}{P(A)}$$

为在事件 A 发生的条件下，事件 B 发生的概率.

在事件 B 发生的条件下，事件 A 发生的概率为：

$$P(A \mid B) = \frac{P(AB)}{P(B)} \qquad (P(B) > 0)$$

2. 乘法公式

设 $P(A) > 0$，则有 $P(AB) = P(A) \cdot P(B \mid A)$，设 $P(B) > 0$，则有 $P(AB) = P(B) \cdot P(A \mid B)$.

一般地，若 $P(A_1 A_2 \cdots A_n) > 0$，则有：

$$P(A_1 \cdots A_n) = P(A_1)P(A_2 \mid A_1)P(A_3 \mid A_1 A_2)\cdots P(A_n \mid A_1 \cdots A_{n-1})$$

3. 全概率公式

设试验 E 的样本空间 S，A 为 E 的事件，B_1，B_2，$\cdots$，B_n 为 S 的一个划分，且 $P(B_i) > 0$（其中 $i = 1, 2, \cdots, n$），则：

$$P(A) = \sum_{i=1}^{n} P(A \mid B_i)P(B_i)$$

称为全概率公式.

4. 贝叶斯公式

设随机试验 E 的样本空间 S，A 为 E 的事件，B_1，B_2，$\cdots$，B_n 为 S 的一个划分，且 $P(A) > 0$，$P(B_i) > 0$（其中 $i = 1, 2, \cdots, n$），则：

$$P(B_i \mid A) = \frac{P(A \mid B_i)P(B_i)}{\sum_{j=1}^{n} P(A \mid B_j)P(B_j)} \qquad (i = 1, 2, \cdots, n)$$

称为贝叶斯公式.

学习笔录：

本次课作业

1. 计算以下问题.

(1) 已知 $P(A) = 0.7$，$P(A - B) = 0.3$，求 $P(B \mid A)$.

(2) 已知 $P(\overline{A}) = 0.3$，$P(B) = 0.4$，$P(A\overline{B}) = 0.5$，求 $P(B \mid A \cup \overline{B})$.

2. 掷三枚骰子，已知得到的三个点数不同，求其中含有 1 点的概率.

3. 某人忘记了电话号码的最后一个数字，因而随意地拨最后一个数，求：

(1) 不超过三次拨通电话的概率；

(2) 已知最后一个数字是奇数，求不超过三次拨通电话的概率.

4. 一批同样规格的零件是由甲、乙、丙三个工厂生产的，三个工厂的产品数量分别是总量的20%、40%、40%，并且已知三个工厂的产品次品率分别为5%、4%、3%. 今任取一个零件，求：

（1）它是次品的概率是多少；

（2）发现它是次品，则该产品由甲工厂生产的概率.

授课章节	第一章　随机事件及其概率 1.6 随机事件的相互独立性
目的要求	理解事件相互独立性的概念，熟练应用事件相互独立性进行概率计算
重点难点	应用事件相互独立性进行概率计算

主要内容

学习笔录：

1. 事件的相互独立性

设 A、B 是两个事件，如果满足：

$$P(AB) = P(A) \cdot P(B)$$

则称事件 A、B 相互独立，简称 A、B 独立.

设 A、B、C 是三个事件，如果满足：

$$P(AB) = P(A)P(B)$$
$$P(BC) = P(B)P(C)$$
$$P(AC) = P(A)P(C)$$

则称这三个事件 A、B、C 是两两独立的.

设 A、B、C 是三个事件，如果满足：

$$P(AB) = P(A)P(B)$$
$$P(BC) = P(B)P(C)$$
$$P(AC) = P(A)P(C)$$
$$P(ABC) = P(A)P(B)P(C)$$

则称这三个事件 A、B、C 是相互独立的.

设 A_1，A_2，$\cdots$，A_n 是 n 个事件，若对任意 k（其中 $1 < k \leq n$），$1 \leq i_1 < \cdots < i_k \leq n$，都存在：

$$P(A_{i_1} A_{i_2} \cdots A_{i_k}) = P(A_{i_1})P(A_{i_2}) \cdots P(A_{i_k})$$

成立，则称事件 A_1，A_2，$\cdots$，A_n 相互独立.

2. 独立性定理

（1）定理一为：设 A、B 是两个事件，且 $P(A) > 0$，若 A、B 相互独立，则 $P(B \mid A) = P(B)$，反之亦然.

（2）定理二为：若事件 A、B 相互独立，则 A 与 $\bar{B}$，$\bar{A}$ 与 B，$\bar{A}$ 与 $\bar{B}$ 也相互独立.

本次课作业

1. 计算以下问题。

(1) 设 A、B 两事件相互独立，且已知 $P(A \cup B) = 0.6$，$P(A) = 0.4$，求 $P(B)$.

(2) 事件 A、B、C 两两独立，且满足 $P(A) = P(B) = P(C) < \dfrac{1}{2}$，$P(A \cup B \cup C) = \dfrac{9}{16}$，$ABC = \varnothing$，求 $P(A)$.

(3) 设事件 A 与 B 相互独立，两事件中只有 A 发生和只有 B 发生的概率都是 $\dfrac{1}{4}$，求 $P(A)$ 与 $P(B)$.

2. 在一次试验中，事件 A 发生的概率为 $p(0 < p < 1)$，现进行 n 次独立重复试验，求：

(1) A 至少发生一次的概率；

(2) A 至多发生一次的概率.

3. 有一题，甲、乙、丙三人独立解出的概率分别是 $\frac{1}{5}$、$\frac{1}{3}$、$\frac{1}{4}$，问：三人中有人解出此题的概率是多少？

4. 一工人看管三台机床，在一小时中甲、乙、丙三台机床需要工人看管的概率分别是 0.9、0.8、0.85，求在一小时中：

(1) 没有一台机床需要看管的概率；

(2) 至少有一台机床需要看管的概率；

(3) 至多只有一台机床需要看管的概率.

授课章节	第一章　随机事件及其概率 习题课
目的要求	对本章的整体内容进行梳理、复习和总结，加深对重点内容的理解，做相关练习以争取掌握和突破难点
重点难点	概率的计算

主要内容　　　　　　　　　　　　　　　　　　　　　学习笔录：

1. 知识结构图

本章的知识结构图如下图所示.

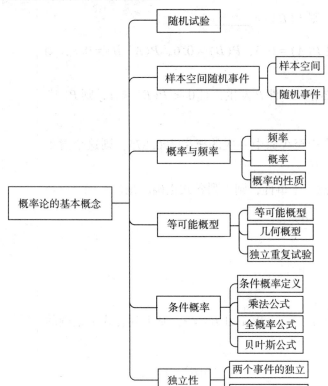

2. 概率论基本概念问题总结

（1）用事件之间的运算关系表示事件.

（2）事件概率的计算：

① 利用概率的性质；

② 利用等可能概型；

③ 利用几何概型；

④利用条件概率；

⑤利用乘法公式；

⑥利用全概率公式、贝叶斯公式；

⑦利用事件的独立性.

本次课作业

1. 设事件 A 与 B 的概率分别为 $\frac{1}{3}$ 与 $\frac{1}{2}$，则有：

(1) 若 A 与 B 互不相容，则 $P(B\bar{A}) = $ _____；

(2) 若 $A \subset B$，则 $P(B\bar{A}) = $ _____；

(3) 若 $P(AB) = \frac{1}{8}$，则 $P(B\bar{A}) = $ _____.

2. 设事件 A、B 满足 $P(A) = 0.5$，$P(B) = 0.6$，$P(A \mid B) = 0.8$，则 $P(A \cup B) = $ _____.

3. 已知事件 A 发生必导致事件 B 发生，且 $0 < P(B) < 1$，则 $P(A \mid \bar{B}) = $ _____.

4. 某射手在三次射击中至少命中一次的概率为 0.875，则这个射手在一次射击中命中的概率为_____.

5. 设 A、B、C 为任意三个事件，则下列各式正确的是(　　).

A. $A \cup B = (A\bar{B}) \cup (\bar{A}B)$

B. $\overline{AB} = A \cup B$

C. $\overline{A \cup BC} = \bar{A}\,\bar{B}\,\bar{C}$

D. $(AB)(A\bar{B}) = S$

6. 已知 $P(A) = p$，$P(B) = q$，$P(A \cup B) = r$，则下列各式不正确的是(　　).

A. $P(A - B) = p - q$ 　　　　　B. $P(A\bar{B}) = r - q$

C. $P(B\bar{A}) = r - p$ 　　　　　D. $P(\bar{A}\,\bar{B}) = 1 - r$

7. 做试验"将一枚均匀的硬币抛掷三次"，恰有一次出现正面的概率是 (　　).

A. $\frac{1}{2}$ 　　　　　　　　　B. $\frac{1}{3}$

C. $\frac{1}{8}$ 　　　　　　　　　D. $\frac{3}{8}$

8. 某仓库有同样规格的产品 6 箱，其中 3 箱、2 箱和 1 箱依次是由甲、乙、丙三个厂生产的，且三厂的次品率分别为 $\frac{1}{10}$、$\frac{1}{15}$、$\frac{1}{20}$. 现从这 6 箱中任取一箱，再从取得的一箱中任取一件，试求取得的一件是次品的概率.

9. 现有两种报警系统 A 与 B，每种系统单独使用时，系统 A 有效的概率为 0.92，系统 B 为 0.93，在 A 失灵的条件下，B 有效的概率为 0.85，求：

(1) 在 B 失灵的条件下，A 有效的概率；

(2) 这两个系统至少有一个有效的概率.

10. 设事件 A 与 B 相互独立，证明 $\bar{A}$ 与 B 也相互独立.

授课章节	第二章　一维随机变量及其分布 2.1 随机变量 2.2 一维离散型随机变量及其分布律
目的要求	掌握随机变量的概念，一维离散型随机变量及其分布律
重点难点	一维离散型随机变量的分布律及常见分布，求概率

主要内容

学习笔录：

1. 随机变量的概念

设随机试验的样本空间为 $S = \{e\}$，若对于试验的每一个结果 $e \in S$，X 都有一个确定的实数 $X = X(e)$ 与之对应，则称 X 为随机变量.

2．一维离散型随机变量及其分布律

（1）一维离散型随机变量：若随机变量全部可能取到的不相同的值是有限个或可列无限多个，则这种随机变量称为一维离散型随机变量.

（2）一维离散型随机变量的分布律：设一维离散型随机变量 X 所有可能取的值为 x_1，x_2，$\cdots$，x_n，X 取各个可能值的概率为：$P\{X_k = x_k\} = p_k$（其中 $k = 1$，2，$\cdots$，n），则称上述等式为随机变量 X 的概率分布（或分布律）.

为了直观起见，有时将 X 的分布律用如下表格表示.

X	x_1	x_2	$\cdots$	x_k	$\cdots$
p	p_1	p_2	$\cdots$	p_k	$\cdots$

（3）一维离散型随机变量 X 的分布律性质为：

①非负性：$p_k \geqslant 0$（其中 $k = 1$，2，$\cdots$）；

②归一性：$\sum\limits_k p_k = 1$.

（4）0-1分布. 设一维离散型随机变量 X 只可能取 0 与 1 两个值，它的分布律为：

$$P\{X = k\} = p^k(1-p)^{n-k} \qquad (k = 0,\ 1,\ 0 < p < 1)$$

则称 X 服从参数为 p 的 $0-1$ 分布或两点分布.

（5）伯努利试验：设试验 E 只有两个可能的结果：A 和 $\bar{A}$，则称 E 为伯努利试验.

（6）n 重伯努利试验：将伯努利试验独立重复地进行 n 次，则称这一串重复的独立试验为 n 重伯努利试验.

（7）二项分布. 设一次伯努利试验中，A 发生的概率为 $p(0 < p < 1)$，又设 X 表示 n 重伯努利试验中 A 发生的次数，那么 X 所有可能取的值为 0，1，2，$\cdots$，n，且 X 的分布律为：

$$P\{X = k\} = C_n^k p^k (1 - p)^{n-k} \qquad (k = 0, 1, 2, \cdots, n)$$

则称 X 服从参数为 n、p 的二项分布，记为 $X \sim B(n, p)$.

当 $n = 1$ 时，$P\{X = k\} = p^k (1 - p)^{n-k}$，$k = 0, 1$ 为 $0 - 1$ 分布或两点分布.

（8）几何分布. 随机变量 X 可能取的值为 $1, 2, 3, \cdots$，X 的分布律为：

$$P\{X = k\} = (1 - p)^{n-1} p \qquad (k = 1, 2, \cdots)$$

则称 X 服从参数为 p 的几何分布.

（9）超几何分布. 随机变量 X 可能取的值为 $0, 1, 2, 3, \cdots, j$（其中 $j = \min\{M, n\}$），X 的分布律为：

$$P\{X = k\} = C_M^k C_{N-M}^{n-k} / C_N^n \qquad (k = 0, 1, 2, \cdots, j)$$

则称 X 服从超几何分布.

（10）泊松分布. 如果随机变量 X 可能取的值为 $0, 1, 2, 3, \cdots$，X 的分布律为：

$$P\{X = k\} = \frac{\lambda^k}{k!} e^{-\lambda} \qquad (k = 0, 1, 2, \cdots)$$

其中 $\lambda > 0$ 是常数，则称 X 服从参数为 λ 的泊松分布，记为 $X \sim \pi(\lambda)$.

（11）泊松定理. 设随机变量 X 服从二项分布 $B(n, p)$，且 $np = \lambda$（$\lambda > 0$，且为常数），则有：

$$\lim_{n \to +\infty} P\{X = k\} = \lim_{n \to +\infty} C_n^k p^k (1 - p)^{n-k} = \frac{\lambda^k}{k!} e^{-\lambda} \qquad (k = 1, 2, \cdots)$$

本次课作业

1. 设一维离散型随机变量 X 的分布律为 $P\{X = k\} = \alpha \beta^k$（其中 $0 < \beta < 1$，$k = 1, 2, \cdots$）且 $\alpha > 0$，则 $\beta = \underline{\qquad}$.

2. 一实习生用同一台机器接连独立地制造 3 个同种零件，第 i 个零件是不合格品的概率为 $\frac{1}{i+1}$，其中 $i = 1, 2, 3$，以 X 表示 3 个零件中合格品的个数，则 $P\{X = 2\} = \underline{\qquad}$.

3. 设随机变量 $X \sim B\left(200, \frac{1}{40}\right)$，则 $P\{X = 3\} = \underline{\qquad} \approx \underline{\qquad}$.

4. 一袋装有 5 个球，编号为 1、2、3、4、5. 在袋中同时取 3 个球，以 X 表示取出的 3 个球中的最大号码，写出随机变量 X 的分布律.

5. 设一维离散型随机变量 X 的分布函数为：

$$F(x)\begin{cases} 0, & x < -1 \\ 0.2, & -1 \leq x < 2 \\ 0.7, & 2 \leq x < 4 \\ 1, & x \geq 4 \end{cases}$$

求 X 的分布律.

6. 一批零件中有 9 个正品和 3 个次品. 安装时，从中任取一件，如果取到次品，则不放回再取一件，直到取到正品为止，求在取到正品前，取到次品数 X 的分布律.

7. 热水器在安装前均进行水压试验，设每片散热器通过水压试验的概率为 $\dfrac{9}{10}$，遇到通不过时，就停止试验，求试验次数 X 的分布律.

8. 一批灯泡共有 40 只，其中 3 只是坏的，其余 37 只是好的，现从中随机地抽取 4 只进行检验，令 X 表示 4 只灯泡中坏的只数，试求出 X 的分布律.

9. 进行重复独立试验，每次试验成功率为 $\frac{3}{4}$，以 X 表示首次成功的试验次数，写出 X 的分布律.

10. 袋中装有 6 个大小相同的球，4 个红色，2 个白色. 现从中连取 5 次，每次取一球，求取得红球的个数 X 的分布律：
（1）每次取出球观察颜色后，即放回袋中，拌匀后再取下个球；
（2）每次取出球观察颜色后，不再放回袋中，就取下一个球.

11. 一个工人看管 12 台同一类型的机器，在一段时间内每台机器需要工人维修的概率为 $\frac{1}{10}$，求这段时间内至少有两台机器需要工人维修的概率.

12. 一电话总机每分钟收到呼唤的次数服从参数为 4 的泊松分布，求：
（1）某一分钟恰有 8 次呼唤的概率；
（2）某一分钟的呼唤次数大于 3 的概率.

13. 设每次射击时命中率为 0.2，问：至少进行多少次独立射击才能使至少击中一次的概率不少于 0.9？

授课章节	第二章　一维随机变量及其分布 2.3 一维随机变量的分布函数
目的要求	掌握一维随机变量的分布函数的性质及求法
重点难点	一维随机变量的分布函数的性质及求法

主要内容

设 X 为一个一维随机变量，x 为任意实数，则有：

$$F(x) = P \qquad (X \leq x)$$

$F(x)$ 称为 X 的分布函数.

分布函数的性质如下：

(1) $F(x)$ 是自变量 x 的单调不减函数，当 $x_1 < x_2$ 时，必有：

$$F(x_1) \leq F(x_2)$$

(2) $0 \leq F(x) \leq 1$，且 $F(-\infty) = 0$，$F(+\infty) = 1$.

(3) $F(x)$ 对自变量 x 右连续，即对任意实数 x，$\lim\limits_{x \to x_0^+} F(x) = F(x_0)$.

(4) $P\{a < X \leq b\} = F(b) - F(a)$.

(5) $P\{X > a\} = 1 - P\{X \leq a\} = 1 - F(a)$.

(6) $P\{X = a\} = F(a^+) - F(a^-)$.

本次课作业

1. 设 $F_1(x)$ 与 $F_2(x)$ 分别为随机变量 X_1 与 X_2 的分布函数，为了使 $F(x) = aF_1(x) - bF_2(x)$ 是某一随机变量的分布函数，在下列各组中应取（　　）.

A. $a = \dfrac{3}{5}$，$b = -\dfrac{2}{5}$　　　　　　B. $a = \dfrac{2}{3}$，$b = \dfrac{2}{3}$

C. $a = -\dfrac{1}{2}$，$b = \dfrac{3}{2}$　　　　　　D. $a = \dfrac{1}{2}$，$b = -\dfrac{3}{2}$

2. 下列函数中，可以作为某一随机变量的分布函数的是（　　）.

A. $F(x) = \dfrac{1}{1 + x^2}$

B. $F(x) = \dfrac{1}{\pi}\arctan x + \dfrac{1}{2}$

C. $F(x) = \begin{cases} \dfrac{1}{2}(1 - e^{-x}), & x > 0 \\ 0, & x \leq 0 \end{cases}$

D. $F(x) = \displaystyle\int_{-\infty}^{x} f(t)\,\mathrm{d}t$，其中 $\displaystyle\int_{-\infty}^{+\infty} f(t)\,\mathrm{d}t = 1$

学习笔录：

3. 设随机变量 X 的分布函数为 $F(x) = \begin{cases} A, & x < 0 \\ \sin x, & 0 \leqslant x < \dfrac{\pi}{2}, \\ B, & x \geqslant \dfrac{\pi}{2} \end{cases}$

则有：

(1) 确定常数 A、B ；

(2) 求 $P\left\{ X \leqslant \dfrac{\pi}{6} \right\}$.

课程名称：   学习时间：   年　月　日

授课章节	第二章　一维随机变量及其分布 2.4 一维连续型随机变量及其概率密度
目的要求	掌握一维连续型随机变量的概率密度性质，了解常见分布，会求概率、分布函数
重点难点	一维连续型随机变量的概率密度性质，常见分布，求概率、分布函数

主要内容

1. 一维连续型随机变量

对于随机变量 X 的分布函数 $F(x)$，存在非负函数 $f(x)$，对于任意实数 x 有 $F(x) = \int_{-\infty}^{x} f(t)\,dt$，则称 X 为一维连续型随机变量，其中函数 $f(x)$ 称为 X 的概率密度函数，简称概率密度.

2. 一维连续型随机变量概率密度的性质

一维连续型随机变量概率密度的性质为：

（1）$f(x) \geqslant 0$；

（2）$\int_{-\infty}^{+\infty} f(x)\,dx = 1$；

（3）对于任意实数 a、b（$a \leqslant b$，a 可以是 $-\infty$，b 也可以是 $+\infty$），有：

$$P\{a \leqslant X \leqslant b\} = \int_{a}^{b} f(x)\,dx = F(b) - F(a)$$

（4）若 $f(x)$ 在点 x 连续，则有 $F'(x) = f(x)$；

（5）对于任何一个实数 a，$P\{X = a\} = 0$.

3. 均匀分布

设一维连续型随机变量 X 具有概率密度：

$$f(x) = \begin{cases} \dfrac{1}{b-a}, & a < x < b \\ 0, & \text{其他} \end{cases}$$

则称 X 在区间 (a, b) 内服从均匀分布，记为 $X \sim U(a, b)$. 其分布函数为：

$$F(x) = \begin{cases} 0, & x < a \\ \dfrac{x-a}{b-a}, & a \leqslant x < b \\ 1, & x \geqslant b \end{cases}$$

4. 指数分布

设一维连续型随机变量 X 的概率密度为：

学习笔录：

$$f(x) = \begin{cases} \dfrac{1}{\theta}\mathrm{e}^{-\frac{x}{\theta}}, & x > 0 \\ 0, & \text{其他} \end{cases}$$

其中 $\theta > 0$ 为常数，则称 X 服从参数为 θ 的指数分布. 其分布函数为：

$$F(x) = \begin{cases} 1 - \dfrac{1}{\theta}\mathrm{e}^{-\frac{x}{\theta}}, & x > 0 \\ 0, & x \leqslant 0 \end{cases}$$

5. 正态分布

设一维连续型随机变量 X 的概率密度为：

$$f(x) = \frac{1}{\sqrt{2\pi}\,\sigma}\mathrm{e}^{-\frac{1}{2\sigma^2}(x-\mu)^2} \qquad (-\infty < x < +\infty)$$

其中 $\sigma > 0$，σ、μ 为常数，则称 X 服从参数为 σ、μ 的正态分布，记为 $X \sim N(\mu, \sigma^2)$. 其分布函数为：

$$F(x) = \frac{1}{\sqrt{2\pi}\,\sigma}\int_{-\infty}^{x} \mathrm{e}^{-\frac{1}{2\sigma^2}(x-\mu)^2}\mathrm{d}x \qquad (-\infty < x < +\infty)$$

特别地，当 $\mu = 0$，$\sigma = 1$ 时，$X \sim N(0, 1)$ 称为标准正态分布，其概率密度为：

$$\varphi(x) = \frac{1}{\sqrt{2\pi}}\mathrm{e}^{-\frac{1}{2}x^2} \qquad (-\infty < x < +\infty)$$

其分布函数为：

$$\Phi(x) = \frac{1}{\sqrt{2\pi}}\int_{-\infty}^{x} \mathrm{e}^{-\frac{1}{2}x^2}\mathrm{d}x \qquad (-\infty < x < +\infty)$$

6. 标准正态分布的分布函数 $\Phi(x)$ 的性质

标准正态分布的分布函数 $\Phi(x)$ 的性质为：

(1) $\Phi(-x) = 1 - \Phi(x)$；

(2) $\Phi(0) = \dfrac{1}{2}$；

(3) $P\{a < X \leqslant b\} = \Phi(b) - \Phi(a)$；

(4) 若随机变量 $X \sim N(\mu, \sigma^2)$，则对于任意实数 a，b（$a \leqslant b$），有：

$$P\{a < X \leqslant b\} = \Phi\left(\frac{b-\mu}{\sigma}\right) - \Phi\left(\frac{a-\mu}{\sigma}\right)$$

7. 引理

若 $X \sim N(\mu, \sigma^2)$，则 $Z = \dfrac{X-\mu}{\sigma} \sim N(0, 1)$.

8. 标准正态分布的上 α 分位点

设随机变量 $X \sim N(0, 1)$，对于给定的 α（$0 < \alpha < 1$），称满足条件 $P\{X > z_\alpha\} = \int_{z_\alpha}^{+\infty} \varphi(x)\mathrm{d}x = \alpha$ 的点 z_α 为标准正态分布分布的上 α 分位点.

本次课作业

1. 设随机变量 X 的概率密度为 $f(x)$，则 $\int_{-\infty}^{+\infty} f(x)\mathrm{d}x =$ _____；分布函数 $F(x) =$ _____.

2. 设随机变量 $X \sim N(\mu, \sigma^2)$，则 $P\{X = \mu\} =$ _____，$P\{X \geqslant \mu\} =$ _____.

3. 设随机变量 X 的概率密度为 $f(x) = \begin{cases} \mathrm{e}^{-(x-a)}, & x > x_0 \\ 0, & \text{其他} \end{cases}$，则 $x_0 =$ _____.

4. 设一维连续型随机变量 X 的分布函数为 $F(x) = A + B\mathrm{arctan}\,x$，$-\infty < x < +\infty$，求系数 A，B；X 的概率密度；X 落在区间 $(-1, 1)$ 内的概率.

5. 设一维连续型随机变量 X 的分布函数为：
$$F(x) = \begin{cases} 0, & x < 1 \\ \ln x, & 1 \leqslant x < \mathrm{e} \\ 1, & x \geqslant \mathrm{e} \end{cases}$$
求概率密度 $f(x)$；$P\{X < 2\}$；$P\{0 < X \leqslant 3\}$；$P\left\{0 < X < \dfrac{5}{2}\right\}$.

6. 设一维连续型随机变量 X 的概率密度为：

$$f(x) = \begin{cases} \dfrac{C}{\sqrt{1-x^2}}, & |x| < 1 \\ 0, & \text{其他} \end{cases}$$

求系数 C；$P\left\{|X| < \dfrac{1}{2}\right\}$.

7. 设随机变量 X 在 $(1, 6)$ 内服从均匀分布，求方程 $x_2 + Xx + 1 = 0$ 有实根的概率.

8. 设某型号的电子元件，其寿命（单位：h）服从指数分布，概率密度为：

$$f(x) = \begin{cases} \dfrac{1}{600}e^{-\frac{x}{600}}, & x > 0 \\ 0, & x \leqslant 0 \end{cases}$$

求该型号电子元件的寿命小于 200 h 的概率.

9. 设 $X \sim N(1.5, 4)$，试求：$P\{X \leqslant 3.5\}$，$P\{X < -4\}$，$P\{X > 2\}$，$P\{X < 3\}$；C 的值，使 $P\{X > C\} = P\{X \leqslant C\}$.

10. 设随机变量 $X \sim N(2, \sigma^2)$，且 $P\{2 < X < 4\} = 0.3$，求 $P\{X < 0\}$.

11. 某机器生产的螺栓的长度 $X \sim N(10.05, 0.06^2)$，规定长度范围在 10.05 ± 0.12 内为合格品，求一螺栓为不合格产品的概率.

授课章节	第二章　一维随机变量及其分布 2.5 随机变量的函数的分布
目的要求	掌握随机变量的函数的分布，一维连续型随机变量的函数的概率密度
重点难点	随机变量的函数的分布，一维连续型随机变量的函数的概率密度

主要内容

学习笔录：

1. 一维离散型随机变量函数的分布

设 X 为一维离散型随机变量，其分布律为 $P\{X = x_k\} = p_k (k = 1,$ $2, \cdots)$，则 $Y = g(X)$ 仍然是一维离散型随机变量，它的分布律为：

$$P\{Y \leqslant y_k\} = \sum_{g(x_k) = y_k} P\{X = x_k\} = \sum_{g(x_k) = y_k} p_k \qquad (k = 1, 2, \cdots)$$

2. 定理

设一维连续型随机变量 X 的概率密度为 $f_X(x)$，又设函数 $g(x)$ 处处可导且恒有 $g'(x) > 0$[或 $g'(x) < 0$]，则 $Y = g(X)$ 是一维连续型随机变量，其概率密度为：

$$f_Y(y) = \begin{cases} f_X[h(y)] \cdot |h'(y)|, & \alpha < y < \beta \\ 0, & 其他 \end{cases}$$

其中 $\alpha = \min\{g(-\infty), g(+\infty)\}$，$\beta = \max\{g(-\infty), g(+\infty)\}$，$x = h(y)$ 是 $y = g(x)$ 的反函数.

本次课作业

1. 设一维离散型随机变量 X 的分布律如下表所示.

X	-2	-1	0	1	3
p_k	$\dfrac{1}{5}$	$\dfrac{1}{6}$	$\dfrac{1}{5}$	$\dfrac{1}{15}$	$\dfrac{11}{30}$

试求：$Y = X^2$ 的分布律；$Y = 2X - 6$ 的分布律.

2. 设一维连续型随机变量 X 的概率密度为：

$$f(x) = \begin{cases} \lambda e^{-\lambda x}, & x > 0 \\ 0, & \text{其他} \end{cases}$$

求 $Y = -2X - 3$ 的概率密度.

3. 设一维连续型随机变量 X 的概率密度为：

$$f(x) = \begin{cases} \dfrac{2}{\pi(1 + x^2)}, & x \geq 0 \\ 0, & \text{其他} \end{cases}$$

试求 $Y = \ln X$ 的概率密度；$P\{Y \leq 0\}$.

4. 设一维连续型随机变量 X 的概率密度为：

$$f(x) = \frac{1}{\sqrt{\pi}} e^{-x^2 + 2x - 1} \qquad x \in (-\infty, +\infty)$$

求 $Y = X^2$ 的概率密度.

课程名称：　　　　　　　　学习时间：　　　　　　　年　月　日

授课章节	第二章　一维随机变量及其分布 习题课
目的要求	对本章整体内容进行梳理、复习和总结，加深对重点内容的理解，通过做相关练习，争取掌握重点知识，突破难点
重点难点	一维随机变量的分布函数的性质及求法；一维离散型随机变量的分布律及常见分布；一维连续型随机变量的概率密度性质、常见分布；随机变量的函数的分布

主要内容　　　　　　　　　　　　　　　　　　　　学习笔录：

一、一维随机变量及其分布的知识结构图

一维随机变量及其分布的知识结构图如下.

二、一维随机变量及其分布总结

本章首先介绍了随机变量的概念，用随机变量描述随机现象是近代概率中最重要的方法，要习惯于用随机变量来表达随机事件.

对于随机变量，除了要知道它可能取哪些值，更重要的是要知道它以怎样的概率取这些值，本章介绍了表达这种概率分布的几种方法，如下表所示. 不论其中哪种方法，都能全面刻划随机变量的概率分布规律，统称为"分布".

变量类型	方法	
一维离散型随机变量	分布律	分布函数
一维连续型随机变量	概率密度	

本章介绍了几种常见的分布，其中一维离散型随机变量的分布包括：两点分布、二项分布、几何分布、超几何分布、泊松分布；一维连续型随机变量的分布包括：均匀分布、指数分布、正态分布和标准正态分布.

随机变量的函数的分布的推导，在数理统计和概率论的许多应用中都很重要，应当牢固地掌握.

本次课作业

1. 设随机变量 X 的分布函数为 $F(x) = \begin{cases} \dfrac{1}{1+x^2}, & x < 0 \\ ①, & x \geq 0 \end{cases}$，其中 ① 为_____.

2. 设随机变量 X 的概率密度为

$$f(x) = \begin{cases} kx^b, & 0 < x < 1(b > 0, k > 0) \\ 0, & 其他 \end{cases}$$

且 $P\left\{X > \dfrac{1}{2}\right\} = 0.75$，则 $k = $_____.

3. 设随机变量 X 服从 $(0, 1)$ 内的均匀分布，则随机变量 $Y = X^2$ 在 $(0, 1)$ 内的概率密度是_____.

4. 下列函数中可作为某随机变量概率密度的是(　　).

A. $f_1(x) = \begin{cases} \sin x, & 0 \leq x \leq \pi \\ 0, & 其他 \end{cases}$

B. $f_2(x) = \begin{cases} \sin x, & 0 \leqslant x \leqslant \dfrac{3\pi}{2} \\ 0, & \text{其他} \end{cases}$

C. $f_3(x) = \begin{cases} \sin x, & 0 \leqslant x \leqslant \dfrac{\pi}{2} \\ 0, & \text{其他} \end{cases}$

D. $f_4(x) = \begin{cases} \sin x, & -\dfrac{\pi}{2} \leqslant x \leqslant \dfrac{\pi}{2} \\ 0, & \text{其他} \end{cases}$

5. 设随机变量 $X \sim N(\mu, \sigma^2)$，则随 σ 的增大，概率 $P\{X - \mu < \sigma\}$ （　　）.

　A. 单调增加　　　　　　　　B. 单调减少

　C. 保持不变　　　　　　　　D. 增减不定

6. 设随机变量 X 的概率密度为 $f(x) = \dfrac{1}{2\pi} e^{-\frac{(x+3)^2}{4}}$（ $-\infty < x < +\infty$ ），则 $Y = （　　）$ 服从 $N(0, 1)$.

　A. $\dfrac{X+3}{2}$　　　　　　　　B. $\dfrac{X+3}{\sqrt{2}}$

　C. $\dfrac{X-3}{2}$　　　　　　　　D. $\dfrac{X-3}{\sqrt{2}}$

7. 设一维离散型随机变量 X 的分布函数为：

$$F(x) = \begin{cases} 0, & x < -1 \\ a, & -1 \leqslant x < 1 \\ \dfrac{2}{3} - a, & 1 \leqslant x < 2 \\ a + b, & x \geqslant 2 \end{cases}$$

且 $P\{X = 2\} = \dfrac{1}{2}$，求 a、b 和 X 的分布律.

8. 在区间$[0,a]$上任意投掷一个质点，以X表示这个质点的坐标．设这个质点落在$[0,a]$中任意小区间内的概率与这个小区间的长度成正比，试求X的分布函数．

9. 设一维连续型随机变量X的概率密度为：

$$f(x) = \begin{cases} k\cos x, & |x| < \dfrac{\pi}{2} \\ 0, & 其他 \end{cases}$$

求：系数k；分布函数$F(x)$；$P\left\{ X > \dfrac{\pi}{4} \right\}$．

10. 设顾客在某银行的窗口等待服务的时间X（以$\min$计算）服从指数分布，其概率密度为：

$$f(x) = \begin{cases} \dfrac{1}{5}e^{-\frac{x}{5}}, & x > 0 \\ 0, & 其他 \end{cases}$$

某顾客在窗口等待服务，若超过$10 \min$，他就离开，他一个月要到银行5次，以Y表示一个月内他未等到服务而离开窗口的次数，写出Y的分布律，并求$P\{Y \geqslant 1\}$．

11. 设随机变量 $X \sim b(2, p)$，$Y \sim b(3, p)$，且 $P\{X \geq 1\} = \dfrac{5}{9}$，求 $P\{Y \geq 1\}$.

12. 将 3 个球随机地放入 4 个杯子中去，随机变量 X 表示杯子中可能出现的球的最多个数. 求随机变量 X 的分布律及随机变量 X 的函数 $Y = X^2 + 1$ 的分布律.

授课章节	第三章　多维随机变量及其分布 3.1　二维随机变量
目的要求	理解二维随机变量的联合分布的概念和性质，二维离散型随机变量的分布律，二维连续型随机变量的概率密度的概念和性质，会求与二维随机变量相关事件的概率．掌握二维均匀分布，了解二维正态分布的概率密度，理解其中参数的概率意义
重点难点	二维离散型随机变量的分布律、二维连续型随机变量的概率密度，求二维随机变量的分布函数

主要内容

学习笔录：

一、二维随机变量的分布函数

1. 二维随机变量的定义

在实际问题中，对于某些随机试验的结果往往需要同时用两个或两个以上的随机变量来描述．因此，需要在一维随机变量的基础上，研究多个随机变量的情形．

设随机试验的样本空间为 $S = \{e\}$，$X = X(e)$，$Y = Y(e)$ 是定义在 S 上的两个随机变量，则由它们构成的一个向量 (X, Y) 称为二维随机变量或二维随机向量．

2. 二维随机变量的分布函数

二维随机变量的分布函数是研究概率统计性的一种方法．

设 (X, Y) 是二维随机变量，对任意实数 x，y，二元函数：

$$F(x, y) = P\{(X \leqslant x)(Y \leqslant y)\} \xlongequal{\text{记为}} P\{X \leqslant x, Y \leqslant y\}$$

称为二维随机变量 (X, Y) 的分布函数，或称为随机变量 X 和 Y 的联合分布函数．

分布函数 $F(x, y)$ 是一个普通的二元函数，它的定义域是 $\mathbf{R}^2$．

分布函数的几何意义：若将二维随机变量 (X, Y) 看成是平面上随机点的坐标，则分布函数 $F(x, y)$ 在点 (x, y) 处的函数值就是随机点 (X, Y) 落在如右图所示的，以点 (x, y) 为顶点而位于该点左下方的无穷矩形域内的概率．

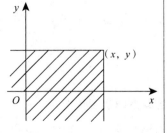

分布函数的性质如下.

(1) 非负性、归一性：$0 \leqslant F(x, y) \leqslant 1$；且对于任意固定的 y，$F(-\infty, y) = 0$，对于任意固定的 x，$F(x, -\infty) = 0$，$F(-\infty, -\infty) = 0$，$F(+\infty, +\infty) = 1$.

(2) 单调不减性：$F(x, y)$ 是关于自变量 x 和 y 的不减函数，即对于任意固定的 y，当 $x_2 > x_1$ 时，$F(x_2, y) \geqslant F(x_1, y)$，对于任意固定的 x，当 $y_2 > y_1$ 时，$F(x, y_2) \geqslant F(x, y_1)$.

(3) 右连续性. $F(x, y)$ 关于 x 和 y 均为右连续，即

$$F(x^+, y) = F(x, y), \quad F(x, y^+) = F(x, y)$$

(4) 对于任意 (x_1, y_1)，(x_2, y_2)，$x_1 < x_2$，$y_1 < y_2$，下述不等式成立：

$$F(x_2, y_2) - F(x_2, y_1) - F(x_1, y_2) + F(x_1, y_1) \geqslant 0$$

二、二维离散型随机变量

根据随机变量的类型，分别讨论离散型和连续型两种随机变量分布的特点.

若二维随机变量 (X, Y) 所有可能取到的值是有限对或可列无限多对，则称 (X, Y) 为二维离散型随机变量.

设二维离散型随机变量 (X, Y) 所有可能取的值为 (x_i, x_j)，$i, j = 1, 2, \cdots$，记 $P\{X = x_i, y = y_j\} = p_{ij}$，$i, j = 1, 2, \cdots$，则由概率的定义有：

$$\sum_{i=1}^{\infty} \sum_{j=1}^{\infty} p_{ij} = 1 \qquad (p_{ij} \geqslant 0)$$

称 $P\{X = x_i, Y = y_j\} = p_{ij}(i, j = 1, 2, \cdots)$ 为二维离散型随机变量 (X, Y) 的分布律，或随机变量 X 和 Y 的联合分布律.

其联合分布函数为：

$$F(x, y) = P\{X \leqslant x, Y \leqslant y\} = \sum_{x_i \leqslant x} \sum_{y_j \leqslant y} p_{ij}$$

其中和式是对一切满足 $x_i \leqslant x$，$y_j \leqslant y$ 的 i, j 求和.

二维离散型随机变量 (X, Y) 的取值落在 xOy 平面上的区域 G 内概率为

$$P\{(X, Y) \in G\} = \sum_{(x_i, y_j) \in G} p_{ij}$$

三、二维连续型随机变量

对于二维随机变量 (X, Y) 的分布函数 $F(x, y)$，如果存在非负可积函数 $f(x, y)$，使对于任意的实数 x，y，有

$$F(x, y) = \int_{-\infty}^{x} \int_{-\infty}^{y} f(u, v) \mathrm{d}u \mathrm{d}v$$

则称(X, Y)是二维连续型随机变量，函数$f(x, y)$称为二维连续型随机变量(X, Y)的概率密度，或称为随机变量X和Y的联合概率密度.

二维连续型随机变量的概率密度$f(x, y)$的性质如下：

（1）非负性：$f(x, y) \geqslant 0$（其中$-\infty < x < +\infty$，$-\infty < y < +\infty$）.

（2）归一性：$\int_{-\infty}^{+\infty} \int_{-\infty}^{+\infty} f(x, y) \mathrm{d}x \mathrm{d}y = F(+\infty, +\infty) = 1$.

（3）二维连续型随机变量(X, Y)的取值落在xOy平面上的区域G内概率为：

$$P\{(X, Y) \in G\} = \iint_{G} f(x, y) \mathrm{d}x \mathrm{d}y$$

（4）若$f(x, y)$在点(x, y)连续，则有：

$$\frac{\partial^2 F(x, y)}{\partial x \partial y} = f(x, y)$$

四、两种常见的二维连续型随机变量

1. 二维均匀分布

设G是平面上的有界区域，其面积为A. 若二维随机变量(X, Y)具有概率密度：

$$f(x, y) = \begin{cases} \dfrac{1}{A}, & (x, y) \in G \\ 0, & \text{其他} \end{cases}$$

则称(X, Y)在G上服从均匀分布，记为$(X, Y) \sim U(G)$.

2. 二维正态分布

设二维随机变量(X, Y)具有概率密度：

$$f(x, y) = \frac{1}{2\pi \sigma_1 \sigma_2 \sqrt{1 - \rho^2}} \cdot$$

$$\exp\left\{ -\frac{1}{2(1 - \rho^2)} \left[\left(\frac{x - \mu_1}{\sigma_1}\right)^2 - 2\rho \left(\frac{x - \mu_1}{\sigma_1}\right) \left(\frac{y - \mu_2}{\sigma_2}\right) + \left(\frac{y - \mu_2}{\sigma_2}\right)^2 \right] \right\}$$

$$(-\infty < x < +\infty, \quad -\infty < y < +\infty)$$

其中μ_1、μ_2、σ_1、σ_2、ρ均为常数，且$\sigma_1 > 0$，$\sigma_2 > 0$，$|\rho| < 1$，则称(X, Y)服从参数为μ_1、μ_2、σ_1、σ_2、ρ的二维正态分布. 记为$(X, Y) \sim (\mu_1, \mu_2, \sigma_1^2, \sigma_2^2, \rho)$，并简称$(X, Y)$为二维正态随机变量.

本次课作业

1. 设 (X, Y) 的分布函数为：

$$F(x, y) = \begin{cases} 1 - e^{-0.01x} - e^{-0.01y} + e^{-0.01(x+y)}, & x \geq 0, \ y \geq 0 \\ 0, & \text{其他} \end{cases}$$

则 $P\{X \leq 120, Y \leq 120\} = $ _____.

2. 设 (X, Y) 在区域 $D: x^2 + y^2 \leq R^2$ 上服从均匀分布，则 (X, Y) 的概率密度 $f(x, y) = $ _____，$P\{X \leq Y\} = $ _____.

3. 设 (X, Y) 的分布律如下表所示. 则 $P\{0 < X \leq 3, 1 < Y \leq 4\}$ = _____.

X	Y	
	1	2
1	0.1	0.2
2	0.2	0.5

4. 盒子里装有 3 只黑球，2 只红球，2 只白球，在其中任取 4 只球，以 X 表示取到黑球的只数，以 Y 表示取到红球的只数，求 X 和 Y 的联合分布律.

5. 从含有 3 个正品，2 个次品的 5 个产品中依次抽取两个，每次抽取一个后不放回，设 X 表示第一次取到的次品个数，Y 表示第二次取到的次品个数，试求 (X, Y) 的分布律.

6. 设二维随机变量(X, Y)的概率密度为：
$$f(x, y) = \begin{cases} k(6 - x - y), & 0 < x < 2, 2 < y < 4 \\ 0, & \text{其他} \end{cases}$$
试求k，$P\{X < 1, Y < 3\}$，$P\{X + Y \leqslant 4\}$.

授课章节	第三章　多维随机变量及其分布 3.2 边缘分布 3.3 条件分布
目的要求	理解二维随机变量的边缘分布与联合分布的关系，掌握两种类型随机变量的边缘分布的求法，会利用概率分布求有关事件的概率
重点难点	二维离散型随机变量的边缘分布律，二维连续型随机变量的边缘概率密度；求二维随机变量的边缘分布

主要内容　　　　　　　　　　　　　　　　　　　　　　　**学习笔录：**

一、边缘分布函数

设 $F(x, y)$ 为 (X, Y) 的分布函数，关于 X 和 Y 的边缘分布函数分别记为 $F_X(x)$ 和 $F_Y(y)$，且有：

$$F_X(x) = P\{X \leqslant x, \ Y < +\infty\} = \lim_{y \to +\infty} F(x, y) = F(x, \ +\infty)$$

$$F_Y(y) = P\{X < +\infty, \ Y \leqslant x\} = \lim_{x \to +\infty} F(x, y) = F(+\infty, \ y)$$

即 $F_X(x) = F(x, \ +\infty)$，$F_Y(y) = F(+\infty, \ y)$.

二、二维离散型随机变量的边缘分布

1. 二维离散型随机变量的边缘分布律

对于二维离散型随机变量 (X, Y)，分量 X 的分布律称为 (X, Y) 关于 X 的边缘分布律；分量 Y 的分布律称为 (X, Y) 关于 Y 的边缘分布律.

设二维离散型随机变量 (X, Y) 的分布律为 $P\{X = x_i, \ Y = y_j\} = p_{ij}$，$i, j = 1, 2, \cdots$，记

$$p_i = P\{X = X_i\} = \sum_{j=1}^{+\infty} P\{X = x_i, \ Y = y_j\} = \sum_{j=1}^{+\infty} p_{ij} \quad (i = 1, 2, \cdots)$$

$$p_j = P\{Y = y_j\} = \sum_{i=1}^{+\infty} P\{X = x_i, \ Y = y_j\} = \sum_{i=1}^{+\infty} p_{ij} \quad (j = 1, 2, \cdots)$$

分别称 p_i（其中 $i = 1, 2, \cdots$）和 p_j 为（其中 $j = 1, 2, \cdots$）为 (X, Y) 关于 X 和关于 Y 的边缘分布律.

若离散型随机变量 X 和 Y 的联合分布律如下表所示.

Y	X				
	x_1	x_2	$\cdots$	x_i	$\cdots$
y_1	p_{11}	p_{21}	$\cdots$	p_{i1}	$\cdots$
y_2	p_{12}	p_{22}	$\cdots$	p_{i2}	$\cdots$
$\vdots$	$\vdots$	$\vdots$		$\vdots$	
y_j	p_{1j}	p_{2j}	$\cdots$	p_{ij}	
$\vdots$	$\vdots$	$\vdots$		$\vdots$	

那么将此表中 x_i 所在列的各数 p_{i1}，p_{i2}，$\cdots$，p_{ij}，$\cdots$ 相加即得 p_i；同样，将 y_j 所在行的各数相加即得 p_j.

2. 二维离散型随机变量的边缘分布函数

边缘分布函数为：

$$F_X(x) = \sum_{x_i \leqslant x} p_i = \sum_{x_i \leqslant x} \sum_{j=1}^{+\infty} p_{ij} = F(x, +\infty),$$

$$F_Y(y) = \sum_{y_j \leqslant y} p_j = \sum_{y_j \leqslant y} \sum_{i=1}^{+\infty} p_{ij} = F(+\infty, y)$$

三、二维连续型随机变量的边缘分布

1. 边缘概率密度

设 (X, Y) 的概率密度为 $f(x, y)$，则 X、Y 的分布函数可表示为：

$$F_X(x) = F(x, +\infty) = \int_{-\infty}^{x} \left[\int_{-\infty}^{+\infty} f(u, v) \mathrm{d}v \right] \mathrm{d}u$$

$$F_Y(y) = F(+\infty, y) = \int_{-\infty}^{y} \left[\int_{-\infty}^{+\infty} f(u, v) \mathrm{d}u \right] \mathrm{d}v$$

它们分别称为 (X, Y) 关于 X 和关于 Y 的边缘分布函数，而

$$f_X(x) = \int_{-\infty}^{+\infty} f(x, y) \mathrm{d}y, \quad f_Y(y) = \int_{-\infty}^{+\infty} f(x, y) \mathrm{d}x$$

分别称为 (X, Y) 关于 X 和关于 Y 的边缘概率密度.

2. 二维正态随机变量的两个分量的分布

二维随机变量 $(X, Y) \sim N(\mu_1, \mu_2, \sigma_1^2, \sigma_2^2, \rho)$，其边缘概率密度为：

$$f_X(x) = \frac{1}{\sqrt{2\pi}\sigma_1} \mathrm{e}^{-\frac{(x-\mu_1)^2}{\sigma_1^2}}, \quad f_Y(y) = \frac{1}{\sqrt{2\pi}\sigma_2} \mathrm{e}^{-\frac{(x-\mu_2)^2}{\sigma_2^2}}$$

即二维正态随机变量的两个分量都服从一维正态分布，并且都不依赖于参数 ρ. 这表明仅由关于 $X \sim N(\mu, \sigma^2)$ 和关于 X_1，X_2，$\cdots$，X_n 的边缘分布，一般来说是不能完全确定二维随机变量 $E(S^2) = \sigma^2$ 的分布的.

本次课作业

1. 设二维随机变量 (X, Y) 在平面区域 $G = \{(x, y) \mid -y \leqslant x \leqslant y, 0 \leqslant y \leqslant 1\}$ 上服从均匀分布，求其边缘概率密度 $f_X(x)$，$f_Y(y)$.

2. 设二维随机变量 (X, Y) 只取下列数组中的值 $(0, 0)$，$(-1, 1)$，$\left(-1, \dfrac{1}{3}\right)$，$(2, 0)$，其相应的概率依次为 $\dfrac{1}{6}$，$\dfrac{1}{3}$，$\dfrac{1}{12}$，$\dfrac{5}{12}$，试列出 (X, Y) 的分布律，并分别求出关于 X 和关于 Y 的边缘分布律.

3. 设二维随机变量 (X, Y) 的概率密度为：

$$f(x, y) = \begin{cases} A\cos x \sin y, & 0 \leqslant x \leqslant \dfrac{\pi}{2}, \ 0 \leqslant y \leqslant \dfrac{\pi}{2} \\ 0, & \text{其他} \end{cases}$$

求系数 A；求边缘概率密度.

授课章节	第三章　多维随机变量及其分布 3.4 随机变量的独立性
目的要求	理解随机变量的独立性的概念，掌握运用随机变量的独立性进行概率计算
重点难点	掌握随机变量相互独立的条件；判断独立性

主要内容

一、二维随机变量的独立性的概念

1. 定义

利用事件相互独立性的概念引进随机变量相互独立的概念.

设 $F(x, y)$、$F_X(x)$、$F_Y(y)$ 分别是二维随机变量 (X, Y) 的分布函数及边缘分布函数. 若对于所有 x、y 有 $P\{X \leq x, Y \leq y\} = P\{X \leq x\}P\{Y \leq y\}$，即 $F(x, y) = F_X(x)F_Y(y)$，则称随机变量 X 和 Y 是相互独立的.

2. 相关结论

(1) 随机变量 X 和 Y 相互独立与事件 $\{X \leq x\}$ 和 $\{Y \leq y\}$ 相互独立是等价的.

(2) 当 (X, Y) 是二维离散型随机变量时，设 (X, Y) 的分布律为：
$$P\{X = x_i, Y = y_j\} = p_{ij} \qquad i, j = 1, 2, \cdots$$
则 X 和 Y 相互独立的充要条件是对 (X, Y) 的所有可能取值 (x_i, y_j)，其中 $i, j = 1, 2, \cdots$，有：
$$P\{X = x_i, Y = y_j\} = P\{X = x_i\}P\{Y = y_j\} \qquad i, j = 1, 2, \cdots$$
即 $p_{ij} = p_{i \cdot} \cdot p_{\cdot j}$，$i, j = 1, 2, \cdots$.

(3) 当 (X, Y) 是二维连续型随机变量时，设 $f(x, y)$、$f_X(x)$、$f_Y(y)$ 分别为 (X, Y) 的概率密度和边缘概率密度，则 X 和 Y 相互独立的充要条件是对于任意的实数 x，y，有：
$$f(x, y) = f_X(x) \cdot f_Y(y)$$

(4) 二维随机变量 (X, Y) 服从正态分布，则 X 和 Y 相互独立的充分条件是参数 $\rho = 0$.

二、多维随机变量的概念

1. n 维随机变量

设随机试验的样本空间为 $S = \{e\}$，$e \in S$ 为样本点，设 $X_1 = X_1(e)$，$X_2 = X_2(e)$，$\cdots$，$X_n = X_n(e)$ 是定义在 S 上的随机变量，由它们构成的一个 n 维向量 $(X_1, X_2, \cdots, X_n)$ 叫作 n 维随机变量或 n 维随机向量.

2. n 维随机变量的分布函数

对于任意 n 个实数 x_1，x_2，$\cdots$，x_n，n 元函数，$F(x_1, x_2, \cdots, x_n) = P\{X_1 \leqslant x_1, X_2 \leqslant x_2, \cdots, X_n \leqslant x_n\}$ 称为 n 维随机变量 $(X_1, X_2, \cdots, X_n)$ 的分布函数，或称为随机变量 X_1，X_2，$\cdots$，X_n 的联合分布函数.

3. n 维随机变量的边缘分布

n 维随机变量 $(X_1, X_2, \cdots, X_n)$ 中每个变量 X_i 的分布函数 $F_{X_i}(x_i)$ 称为边缘分布函数，$i = 1, 2, \cdots, n$，$F_{X_1, X_2}(x_1, x_2)$ 称为 $(X_1, X_2, \cdots, X_n)$ 关于 (X_1, X_2) 的边缘分布函数. 其他情况类似.

4. n 个随机变量的相互独立

设 n 维随机变量 $(X_1, X_2, \cdots, X_n)$ 的分布函数为 $F(x_1, x_2, \cdots, x_n)$，其边缘分布函数，即 X_i 的分布函数为 $F_{X_i}(x)$，$i = 1, 2, \cdots, n$. 若对于任意实数 x_1，x_2，$\cdots$，x_n，有：

$$F(x_1, x_2, \cdots, x_n) = F_{X_1}(x_1) F_{X_2}(x_2) \cdot \cdots \cdot F_{X_n}(x_n)$$

则称随机变量 X_1，X_2，$\cdots$，X_n 相互独立.

设 $(X_1, X_2, \cdots, X_n)$ 为 n 维离散型随机变量，若对一切可能的值 x_1，x_2，$\cdots$，x_n，有：

$$\{JZP\{X_1 = x_1, X_2 = x_2, \cdots, X_n = x_n\} = P\{X_1 = x_1\} \cdot P\{X_2 = x_2\} \cdot \cdots \cdot P\{X_n = x_n\}$$

则称随机变量 X_1，X_2，$\cdots$，X_n 相互独立.

设 $(X_1, X_2, \cdots, X_n)$ 为 n 维连续型随机变量，若对任意实数 x_1，x_2，$\cdots$，x_n，有：

$$f(x_1, x_2, \cdots, x_n) = f_{X_1}(x_1) f_{X_2}(x_2) \cdots f_{X_n}(x_n)$$

其中 $f(x_1, x_2, \cdots, x_n)$ 为 n 维连续型随机变量 $(X_1, X_2, \cdots, X_n)$ 的概率密度，$f_{X_i}(x_i)$ 为 X_i 的概率密度（其中 $i = 1, 2, \cdots, n$），则称 X_1，X_2，$\cdots$，X_n 相互独立.

有以下几条定理：

（1）若 X 和 Y 相互独立，则 $f(X)$ 和 $g(Y)$ 也相互独立，其中 $f(x)$，$g(y)$ 一般为连续函数.

（2）若 X_1，X_2，$\cdots$，X_n 相互独立，则 $f_1(X_1)$，$f_2(X_2)$，$\cdots$，$f_n(X_n)$ 也相互独立.

（3）若 X_1，X_2，$\cdots$，X_n 相互独立，则 $f(X_1, \cdots, X_m)$ 和 $f(X_{m+1}, \cdots, X_n)$ 也相互独立.

　　(4) 若$(X_1，X_2，\cdots，X_m)$ 和$(Y_1，Y_2，\cdots，Y_n)$ 相互独立，则X_i(其中$i=1，2，\cdots，m$) 和Y_j(其中$j=1，2，\cdots，n$) 相互独立. 又若$h(x)$、$g(y)$ 是连续函数，则$h(X_1，X_2，\cdots，X_m)$ 和$g(Y_1，Y_2，\cdots，Y_n)$ 相互独立.

本次课作业

　　1. 某射手对目标独立地进行两次射击，已知其第一次射击命中率为0.5，第二次射击命中率为0.6，以随机变量X_i 表示第i 次射击结果，即：

$$X_i = \begin{cases} 0，& \text{第} i \text{ 次射击未中} \\ 1，& \text{第} i \text{ 次射击命中} \end{cases} \quad (i=1，2)$$

请将下表中二维随机变量$(X_1，X_2)$ 的分布律填写完整.

X_1	X_2	
	0	1
0	(　　)	(　　)
1	(　　)	0.3

　　2. 设X 与Y 相互独立，均服从$(0，1)$ 内的均匀分布，则$f_X(x) \cdot f_Y(y)$ 的表达式为_____.

　　3. 设随机变量X 与Y 相互独立，且都服从正态分布$N(\mu，\sigma^2)$，则$P\{|X-Y|<1\}$(　　).

　　A. 与μ 无关，而与σ^2 有关

　　B. 与μ 有关，而与σ^2 无关

　　C. 与μ、σ^2 都有关

　　D. 与μ、σ^2 都无关

　　4. 若二维随机变量$(X，Y)$ 的分布律如下表所示. 求a 和b 应满足的条件；若X 与Y 相互独立，求a 与b 的值.

Y	X		
	1	2	3
1	$\dfrac{1}{8}$	a	$\dfrac{1}{24}$
2	b	$\dfrac{1}{4}$	$\dfrac{1}{8}$

5. 设二维随机变量 (X, Y) 的概率密度为：

$$f(x, y) = \begin{cases} \mathrm{e}^{-y}, & 0 < x < y \\ 0, & 其他 \end{cases}$$

试求：边缘概率密度；X 与 Y 是否相互独立；$P\{X + Y \leqslant 1\}$.

6. 设 X 和 Y 是两个相互独立的随机变量，X 在 $(0, 1)$ 内服从均匀分布，Y 的概率密度为：

$$f_Y(y) = \begin{cases} \dfrac{1}{2}\mathrm{e}^{-\frac{y}{2}}, & y > 0 \\ 0, & y \leqslant 0 \end{cases}$$

(1) 求 X 和 Y 的联合概率密度；

(2) 设含 a 的二次方程为 $a^2 + 2Xa + Y = 0$，试求 a 有实根的概率.

授课章节	第三章　多维随机变量及其分布 3.5 两个随机变量的函数的分布
目的要求	了解二维随机变量函数的分布的概念，会求两个随机变量简单函数的分布，会求多个相互独立随机变量简单函数的分布
重点难点	两个随机变量简单函数的分布，和分布的概率密度

主要内容

一、二维离散型随机变量的函数的分布

1. 随机变量的函数的分布

借助二维随机变量(X, Y)的分布，可以研究随机变量(X, Y)的函数$Z = g(X, Y)$的分布问题.

已知二维随机变量(X, Y)的概率分布（联合分布函数、联合概率密度或联合分布律），而随机变量$Z = g(X, Y)$，则Z的分布函数为：

$$F_Z(z) = P\{Z \leqslant z\} = P\{g(X, Y) \leqslant z\} \quad (-\infty < z < +\infty)$$

称之为随机变量的函数的分布.

2. 分布函数和分布律

已知二维离散型随机变量的联合分布律为：

$$P\{X = x_i, Y = y_j\} = p_{ij} \quad i, j = 1, 2, \cdots$$

若$Z = g(X, Y)$，则Z的分布函数为：

$$F_Z(z) = P\{Z \leqslant z\} = P\{g(X, Y) \leqslant z\} = \sum_{g(x_i, y_j) \leqslant z} P\{X = x_i, Y = y_j\}$$

Z的分布律为：

$$P\{Z = z_k\} = P\{g(X, Y) = z_k\} = \sum_{g(x_i, y_j) = z_k} P\{X = x_i, Y = y_j\}$$

3. 常用结论

(1) 若$X \sim B(m, p)$，$Y \sim B(n, p)$，且X和Y相互独立，则$Z = X + Y \sim B(m + n, p)$.

(2) 若$X \sim \pi(\lambda_1)$，$Y \sim \pi(\lambda_2)$，且X和Y相互独立，则$Z = X + Y \sim \pi(\lambda_1 + \lambda_2)$.

二、连续型随机变量的函数的分布

已知二维连续型随机变量(X, Y)的概率密度为$f(x, y)$，$Z = g(X, Y)$，则Z的分布函数为：

$$F_Z(z) = P\{Z \le z\} = P\{g(X, Y) \le z\} = \iint\limits_{g(x, y) \le z} f(x, y)\,\mathrm{d}x\mathrm{d}y$$

1. $Z = X + Y$ 的分布

设 (X, Y) 的概率密度为 $f(x, y)$，则 $Z = X + Y$ 的概率密度为：

$$f_Z(z) = \int_{-\infty}^{+\infty} f(x, z - x)\,\mathrm{d}x = \int_{-\infty}^{+\infty} f(z - y, y)\,\mathrm{d}y$$

当 X 和 Y 相互独立时，有卷积公式：

$$f_Z(z) = \int_{-\infty}^{+\infty} f_X(x)f_Y(z - x)\,\mathrm{d}x = \int_{-\infty}^{+\infty} f_X(z - y)f_Y(y)\,\mathrm{d}y$$

2. $M = \max\{X, Y\}$，$N = \min\{X, Y\}$ 的分布

设随机变量 X 和 Y 相互独立，其分布函数分别为 $F_X(x)$ 和 $F_Y(y)$，则 $M = \max\{X、Y\}$ 的分布函数为 $F_{\max}(z) = F_X(z)F_Y(z)$，$N = \min\{X, Y\}$ 的分布函数为 $F_{\min}(z) = 1 - [1 - F_X(z)][1 - F_Y(z)]$.

上述结果可推广到 n 个相互独立的随机变量 $X_1, X_2, \cdots, X_n$，此时有：

$$F_{\max}(z) = F_{X_1}(z)F_{X_2}(z)\cdots F_{X_n}(z)$$

$$F_{\min}(z) = 1 - [1 - F_{X_1}(z)][1 - F_{X_2}(z)]\cdots[1 - F_{X_n}(z)]$$

特别地，若 $X_1, X_2, \cdots, X_n$ 相互独立且具有相同分布函数 $F(x)$，则

$$F_{\max}(z) = [F(z)]^n, \quad F_{\min}(z) = 1 - [1 - F(z)]^n$$

3. 相关结论

（1）若 $X \sim N(\mu_1, \sigma_1^2)$，$Y \sim N(\mu_2, \sigma_2^2)$，且 X 和 Y 相互独立，则 $Z = X + Y \sim N(\mu_1 + \mu_2, \sigma_1^2 + \sigma_2^2)$.

（2）若 $X_i \sim N(\mu_i, \sigma_i^2)$，$i = 1, 2, \cdots, n$，且 $X_1, X_2, \cdots, X_n$ 相互独立，则 $Y = C_1X_1 + C_2X_2 + \cdots + C_nX_n + C$ 仍服从正态分布，且此正态分布为 $N(\sum_{i=1}^{n} C_i\mu_i + C, \sum_{i=1}^{n} C_i^2\sigma_i^2)$，其中 $C_1, C_2, \cdots, C_n$ 为不全为零的常数.

本次课作业

1. 已知二维连续型随机变量 (X, Y) 的概率密度为 $f(x, y)$，则 $P\{X + Y \le b\} = $ _____；若 $Z = X + Y$ 的概率密度为 $f_Z(z)$，则 $P\{X + Y \le b\} = $ _____.

2. 若随机变量 X 与 Y 相互独立，且均服从 $N(0, \sigma^2)$，则 $Z = X + Y$ 服从 _____ 分布，其概率密度 $f_Z(z) = $ _____.

3. 设 (X, Y) 的分布律如下表所示. 试求：

Y	X			
	-1	0	1	2
1	$\dfrac{1}{8}$	$\dfrac{1}{16}$	$\dfrac{1}{16}$	$\dfrac{1}{4}$
2	$\dfrac{1}{16}$	$\dfrac{1}{4}$	$\dfrac{1}{8}$	$\dfrac{1}{16}$

（1）$Z = X + Y$，$M = \max\{X, Y\}$，$N = \min\{X, Y\}$ 的分布律；

（2）(X, Y) 关于 X 和 Y 的边缘分布律；

（3）判断 X 和 Y 是否相互独立.

4. 设 X 和 Y 是两个相互独立的随机变量，其概率密度分别为：

$$f_X(x) = \begin{cases} 1, & 0 \leq x \leq 1 \\ 0 & \text{其他} \end{cases}, \quad f_Y(y) = \begin{cases} e^{-y}, & y > 0 \\ 0, & \text{其他} \end{cases}$$

求随机变量 $Z = X + Y$ 的概率密度.

授课章节	第三章　多维随机变量及其分布 习题课
目的要求	掌握二维随机变量的联合分布、边缘分布的求法、判断独立性，两个随机变量的简单函数的分布
重点难点	求联合分布；求边缘分布；判断独立性；求二维随机变量落在平面某区域的事件概率；求连续型随机变量的函数的分布

主要内容　　　　　　　　　　　　　　　　　　　　　**学习笔录：**

　一、二维随机变量及其分布的知识结构图

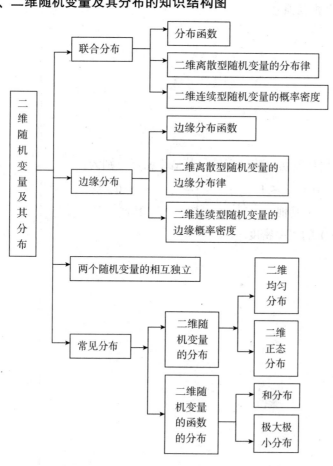

　二、常见题型

（1）求二维离散型随机变量的联合分布律、联合分布函数.

（2）已知二维离散型随机变量的联合分布律，求边缘分布律.

（3）求二维连续型随机变量的概率密度函数、联合分布函数.

（4）已知二维连续型随机变量的联合概率密度，求边缘概率密度.

（5）求二维随机变量落在平面某区域内的概率.

（6）判断二维随机变量的两个分量是否相互独立.

（7）求随机变量的函数的分布.

本次课作业

1. 下列叙述中错误的是(　　).

A. 联合分布决定边缘分布

B. 边缘分布不能决定联合分布

C. 两个随机变量各自的联合分布不同，但边缘分布可能相同

D. 边缘分布之积即为联合分布

2. 设两个随机变量 X 与 Y 相互独立，且 $X \sim N(0, 1)$，$Y \sim N(1, 1)$，则下列各式成立的是(　　).

A. $P\{X - Y \leq 0\} = \dfrac{1}{2}$　　　　B. $P\{X - Y \leq 1\} = \dfrac{1}{2}$

C. $P\{X + Y \leq 0\} = \dfrac{1}{2}$　　　　D. $P\{X + Y \leq 1\} = \dfrac{1}{2}$

3. 已知 $X_i(i = 1, 2)$ 的分布函数为 $F_i(x)$，设 $F(x) = aF_1(x) - bF_2(x)$ 是某一随机变量的分布函数，则下列各组数值应取(　　).

A. $a = \dfrac{3}{5}$，$b = -\dfrac{2}{5}$　　　　B. $a = \dfrac{2}{3}$，$b = \dfrac{2}{3}$

C. $a = -\dfrac{1}{2}$，$b = \dfrac{3}{2}$　　　　D. $a = \dfrac{3}{5}$，$b = \dfrac{2}{5}$

4. 设随机变量 X 与 Y 相互独立且同分布，即 $P\{X = -1\} = P\{Y = -1\} = \dfrac{1}{2}$，$P\{X = 1\} = P\{Y = 1\} = \dfrac{1}{2}$，则(　　).

A. $P\{X = Y\} = \dfrac{1}{2}$　　　　B. $P\{X = Y\} = 1$

C. $P\{X + Y = 0\} = \dfrac{1}{4}$　　　　D. $P\{XY = 1\} = \dfrac{1}{4}$

5. 设 (X, Y) 的分布函数为 $F(x, y) = A(B + \arctan \dfrac{x}{2})(C + \arctan \dfrac{y}{3})$，试求：系数 A、B 和 C；(X, Y) 的概率密度；边缘分布函数及边缘概率密度.

6. 将三封信随机地投入编号为 1、2、3、4 的四个邮筒. 记 X 为 1 号邮筒内信的数目，Y 为有信的邮筒数目. 求：X 与 Y 的联合分布律；Y 的边缘分布律；在 $X = 0$ 条件下，Y 的条件分布；判别 X 与 Y 是否相互独立.

7. 设二维随机变量 (X, Y) 的概率密度为：

$$f(x, y) = \begin{cases} Ce^{-3x-4y}, & x > 0, \ y > 0 \\ 0, & 其他 \end{cases}$$

求：系数 C；边缘分布函数 $f_X(x)$，$f_Y(y)$；(X, Y) 的分布函数；X 与 Y 的独立性；$P\{0 < X \leqslant 1, \ 0 < Y \leqslant 2\}$；$X + Y$ 的分布律.

课程名称：　　　　　　　　　　学习时间：　　　　　　　年　月　日

授课章节	第四章　随机变量的数字特征 4.1 数学期望
目的要求	理解数学期望的定义，会计算随机变量的数学期望及随机变量函数的数学期望，牢记六种重要分布的数学期望，能够熟练使用数学期望的性质解决问题
重点难点	数学期望的计算方法，随机变量函数的数学期望

主要内容　　　　　　　　　　　　　　　　　　　　　　　学习笔录：

一、数学期望的定义

设 X 是离散型随机变量，它的分布律为 $P\{X = x_k\} = p_k$，$k = 1$，2，

3，…．若级数 $\sum\limits_{k=1}^{+\infty} x_k p_k$ 绝对收敛，则称级数 $\sum\limits_{k=1}^{+\infty} x_k p_k$ 的和为随机变量 X 的

数学期望，记为 $E(X)$，即 $E(X) = \sum\limits_{k=1}^{+\infty} x_k p_k$.

设连续型随机变量 X 的概率密度为 $f(x)$，若积分 $\int_{-\infty}^{+\infty} xf(x)\,dx$ 绝对收

敛，则称积分 $\int_{-\infty}^{+\infty} xf(x)\,dx$ 的值为随机变量 X 的数学期望，记为 $E(X)$，

即 $E(X) = \int_{-\infty}^{+\infty} xf(x)\,dx$.

六种重要分布的数学期望分别为：

(1) X 服从参数为 p 的 0 - 1 分布，则 $E(X) = p$；

(2) $X \sim B(n, p)$，则 $E(X) = np$；

(3) $X \sim \pi(\lambda)$，则 $E(X) = \lambda$；

(4) $X \sim U(a, b)$，则 $E(X) = \dfrac{a+b}{2}$；

(5) $X \sim E(\theta)$，则 $E(X) = \theta$；

(6) $X \sim N(\mu, \sigma^2)$，则 $E(X) = \mu$.

二、随机变量函数的数学期望

设 Y 是随机变量 X 的函数，$Y = g(X)$（$g(X)$ 是连续函数），则有：

(1) 如果 X 是离散型随机变量，它的分布律为 $P\{X = x_k\} = p_k$，其中

$k = 1$，2，3，…，若 $\sum\limits_{k=1}^{+\infty} g(x_k) p_k$ 绝对收敛，则有 $E(Y) = E[g(X)] =$

$\sum\limits_{k=1}^{+\infty} g(x_k) p_k$.

（2）如果 X 为连续型随机变量，它的概率密度为 $f(x)$，若 $\int_{-\infty}^{+\infty} g(x)f(x)\mathrm{d}x$ 绝对收敛，则有 $E(Y) = E[g(X)] = \int_{-\infty}^{+\infty} g(x)f(x)\mathrm{d}x.$

上述定理还可以推广到两个或两个以上随机变量的函数的情况.

三、数学期望的性质

数字期望的性质如下：

（1）设 C 是常数，则有 $E(C) = C.$

（2）设 X 是一个随机变量，C 是常数，则有 $E(CX) = C \cdot E(X).$

（3）设 X、Y 是两个随机变量，则有 $E(X+Y) = E(X) + E(Y).$

（4）设 X、Y 是相互独立的随机变量，则有 $E(XY) = E(X)E(Y).$

本次课作业

1. 设随机变量 X 的分布律如下表所示，求 $E(X^2)$.

X	-2	0	2
p_k	0.4	0.3	0.3

2. 设二维连续型随机变量 (X, Y) 的概率密度为：

$$f(x, y) = \begin{cases} y\mathrm{e}^{-(x+y)}, & x > 0, y > 0 \\ 0, & 其他 \end{cases}$$

求 $E(X).$

3. 随机变量 X 的分布律如下表所示. 试求 $Y_1 = -X + 1$，$Y_2 = X^2$ 的数学期望.

X	-1	0	$\frac{1}{2}$	1	2
p_k	$\frac{1}{3}$	$\frac{1}{6}$	$\frac{1}{6}$	$\frac{1}{12}$	$\frac{1}{4}$

4. 某商店一天的营业额 X（以万元为单位）是一个随机变量. 已知 X 的概率密度为：

$$f(x) = \begin{cases} \dfrac{6}{181}(11x - x^2)， & 5 < x < 6 \\ 0， & 其他 \end{cases}$$

一天的盈利 $Y = g(X) = \dfrac{1}{2}X - 1$，求 $E(Y)$.

5. 将 n 只球放入 M 只盒子中去，设每只球落入各个盒子是等可能的，求有球的盒子数 X 的数学期望.

6. 设二维随机变量(X, Y)的分布律如下表所示，求$E(X)$、$E(Y)$及$E(XY)$.

Y	X			
	0	1	2	3
1	0	$\frac{3}{8}$	$\frac{3}{8}$	0
3	$\frac{1}{8}$	0	0	$\frac{1}{8}$

授课章节	第四章　随机变量的数字特征 4.2 方差
目的要求	理解方差的定义，会计算随机变量的方差，牢记六种重要分布的方差，熟练使用方差的性质，熟练应用切比雪夫不等式
重点难点	方差的计算方法及方差的性质，切比雪夫不等式

主要内容

一、概念

1. 方差

设 X 是一个随机变量，若 $E\{[X - E(X)]^2\}$ 存在，则称 $E\{[X - E(X)]^2\}$ 为 X 的方差，记为 $D(X)$，即 $D(X) = E\{[X - E(X)]^2\}$，并称方差的算术平方根 $\sqrt{D(X)}$ 为 X 的标准差或均方差.

方差的简化公式为：$D(X) = E(X^2) - [E(X)]^2$.

2. 六种重要分布的方差

六种重要分布的方差分别为：

(1) X 服从参数为 p 的 $0 - 1$ 的分布，则 $D(X) = p(1 - p)$；

(2) $X \sim B(n, p)$，则 $D(X) = np(1 - p)$；

(3) $X \sim \pi(\lambda)$，则 $D(X) = \lambda$；

(4) $X \sim U(a, b)$，则 $D(X) = \dfrac{(b - a)^2}{12}$；

(5) $X \sim E(\theta)$，则 $D(X) = \theta^2$；

(6) $X \sim N(\mu, \sigma^2)$，则 $D(X) = \sigma^2$.

$X^* = \dfrac{X - E(X)}{\sqrt{D(X)}}$ 称为 X 的标准化变量.

二、方差的性质

方差的性质如下.

(1) 设 C 是常数，则有 $D(C) = 0$.

(2) 设 X 是随机变量，C 是常数，则有 $D(CX) = C^2 \cdot D(X)$，$D(X + C) = D(X)$.

(3) 设 X、Y 是两个随机变量，则有 $D(X \pm Y) = D(X) + D(Y) \pm 2E\{[X - E(X)][Y - E(Y)]\}$；特别地，若 X、Y 相互独立，则有 $D(X \pm Y) = D(X) \pm D(Y)$.

(4) $D(X) = 0$ 等价于 $P\{X = E(X)\} = 1$.

学习笔录：

三、切比雪夫不等式

设随机变量 X 具有数学期望 $E(X) = \mu$，方差 $D(X) = \sigma^2$，则对于任意正数 ε，不等式 $P\{|X - \mu| \geq \varepsilon\} \leq \dfrac{\sigma^2}{\varepsilon^2}$ 或 $P\{|X - \mu| < \varepsilon\} \geq 1 - \dfrac{\sigma^2}{\varepsilon^2}$ 成立.

本次课作业

1. 设随机变量 $X \sim B(n, p)$，$E(X) = 8$，$D(X) = 1.6$，则 p = _____.

2. 设 X 服从正态分布，其概率密度函数曲线以 $x = 3$ 为对称轴，则 $E(X)$ = _____.

3. 若 $X \sim N(0, 1)$，则 $E(X^2)$ = _____.

4. 若 $X \sim U(2, 6)$，则 $D(2X - 3)$ = _____.

5. 设 X 和 Y 是相互独立的随机变量，则 $D(X - 2Y)$ = _____.

6. 设 X_1，X_2，$\cdots$，X_n 相互独立，且都服从正态分布 $N(\mu, \sigma^2)$，则 $E\left(\dfrac{1}{n}\sum\limits_{i=1}^{n} X_i\right)$ = _____，$D\left(\dfrac{1}{n}\sum\limits_{i=1}^{n} X_i\right)$ = _____.

7. 设随机变量 Z 服从参数为 θ 的指数分布，则 $P\{Z \geq \sqrt{D(Z)}\}$ = _____.

8. 判断以下句子是否正确(在正确的句子后打"√"，错误的打"×").

(1) 若随机变量 X、Y 相互独立，则 $D(X \pm Y) = D(X) \pm D(Y)$. （　　）

(2) 任意随机变量 X，都有等式 $E(X^2) = D(X) + [E(X)]^2$. （　　）

(3) 若 X 与 Y 都是标准正态随机变量，则 $Z = X + Y \sim N(0, 2)$. （　　）

9. 设随机变量 X 的概率密度为 $f(x) = \dfrac{1}{2}e^{-|x|}$（$-\infty < x < +\infty$），求 $E(X)$，$D(X)$.

10. 设随机变量 X 与 Y 独立同分布，$E(X) = E(Y) = \mu$，$D(X) = D(Y) = \sigma^2$，随机变量 $\xi = \alpha X + \beta Y$，$\zeta = \alpha X - \beta Y$，求 $E(\xi)$，$E(\zeta)$，$D(\xi)$，$D(\zeta)$.

11. 若已知随机变量 X 的概率密度 $f(x) = \begin{cases} 1 - |1 - x|, & 0 < x < 2 \\ 0, & \text{其他} \end{cases}$，

试：

（1）$E(X)$，$D(X)$；

（2）标准化随机变量 X^*.

课程名称：　　　　　　　　学习时间：　　　　　　　　年　月　日

授课章节	第四章　随机变量的数字特征 4.3 协方差、相关系数、矩及协方差矩阵
目的要求	理解并熟记协方差、相关系数、矩的定义及性质，会计算协方差、相关系数
重点难点	协方差与相关系数的计算，相关系数的定义

主要内容

一、协方差及相关系数

1. 定义

$E\{[X - E(X)][Y - E(Y)]\}$ 称为随机变量 X 和 Y 的协方差，记为 $\text{Cov}(X, Y)$，即 $\text{Cov}(X, Y) = E\{[X - E(X)][Y - E(Y)]\}$，而 $\rho_{XY} = \dfrac{\text{Cov}(X, Y)}{\sqrt{D(X)}\ \sqrt{D(Y)}}$ 称为随机变量 X 与 Y 的相关系数.

2. 简化公式

（1）协方差的简化公式为 $\text{Cov}(X, Y) = E(XY) - E(X)E(Y)$.

（2）相关系数的简化公式 $\rho_{XY} = \dfrac{E(XY) - E(X)E(Y)}{\sqrt{D(X)}\ \sqrt{D(Y)}}$.

3. 性质

（1）若 X 和 Y 相互独立，则 $\text{Cov}(X, Y) = 0$.

（2）$\text{Cov}(X, Y) = \text{Cov}(Y, X)$，$\text{Cov}(X, X) = D(X)$.

（3）$\text{Cov}(aX, bY) = ab\text{Cov}(X, Y)$，$a$，$b$ 是常数.

（4）$\text{Cov}(X_1 + X_2, Y) = \text{Cov}(X_1, Y) + \text{Cov}(X_2, Y)$.

（5）$|\rho_{XY}| \leqslant 1$.

（6）$|\rho_{XY}| = 1$ 等价于 $\exists a$、b，使得 $P\{Y = a + bX\} = 1$；若 $\rho_{XY} = 0$，则称 X 和 Y 不相关.

4. 相互独立与不相关的关系

（1）随机变量 X 和 Y 不相关等价于以下各条结论中的任何一条：

①$\rho_{XY} = 0$；

②$\text{Cov}(X, Y) = 0$；

③$E(XY) = E(X)E(Y)$.

（2）两个随机变量相互独立能够推出它们不相关，但两个随机变量不相关不能推出它们相互独立.

（3）$(X, Y) \sim N(\mu_1, \mu_2, \sigma_1^2, \sigma_2^2, \rho)$，则 $E(X) = \mu_1$，$D(X) = \sigma_1^2$，$E(Y) = \mu_2$，$D(Y) = \sigma_2^2$，ρ 是 X 和 Y 的相关系数；对二维正态随机变量 (X, Y) 来说，X 和 Y 不相关与 X 和 Y 相互独立是等价的.

学习笔录：

二、矩、协方差矩阵

设 X 和 Y 是随机变量，若 $E(X^k)(k=1,2,\cdots)$ 存在，则称它为 X 的 k 阶原点矩，简称 k 阶矩；若 $E\{[X-E(X)]^k\}(k=2,3,\cdots)$ 存在，则称它为 X 的 k 阶中心矩.

本次课作业

1. 设随机变量 X、Y 相互独立，则 X、Y 的相关系数 $\rho_{XY}=$ _____.

2. 若 (X,Y) 服从二维正态分布，则 X 与 Y 不相关和 _____ 是等价的.

3. 判断以下句子是否正确（在正确的句子后打"√"，错误的打"×"）.

(1) 若随机变量 X 和 Y 不相互独立，则 X 与 Y 必定相关.　　（　　）

(2) 若随机变量 X 和 Y 不相关，则 X 与 Y 必相互独立.　　（　　）

(3) 若随机变量 X 和 Y 不相互独立，则 X 与 Y 也不相关.　　（　　）

(4) 若随机变量 X 和 Y 相互独立，则 X 与 Y 一定不相关.　　（　　）

4. 设三个随机变量 X_1、X_2、X_3 中，$E(X_1)=E(X_2)=1$，$E(X_3)=-1$，$D(X_1)=D(X_2)=D(X_3)=1$，$\rho_{X_1X_2}=0$，$\rho_{X_1X_3}=\dfrac{1}{2}$，$\rho_{X_2X_3}=-\dfrac{1}{2}$，设

$X=\sum_{i=1}^{3}X_i$，求 $E(X)$，$D(X)$.

5. 设随机变量 (X,Y) 的概率密度为：

$$f(x,y)=\begin{cases} \dfrac{1}{8}(x+y), & 0\leqslant x\leqslant 2,\ 0\leqslant y\leqslant 2 \\ 0, & \text{其他} \end{cases}$$

求 $E(X)$、$E(Y)$、$\text{Cov}(X,Y)$ 及 ρ_{XY}.

授课章节	第四章　随机变量的数字特征 习题课
目的要求	对本章整体内容进行梳理、复习和总结，加深对期望、方差等数字特征的理解，通过做相关练习，争取掌握重点知识，突破难点
重点难点	数学期望、方差、协方差、相关系数，应用数字特征理论解决实际问题

主要内容

一、随机变量的数字特征的知识结构图

随机变量的数字特征的知识结构图如下图所示.

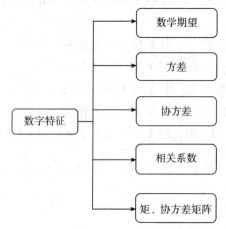

二、常见题型

（1）离散型随机变量求数学期望、方差、协方差、相关系数.

（2）连续型随机变量求数学期望、方差、协方差、相关系数.

（3）离散型随机变量的函数求数学期望、方差、协方差.

（4）连续型随机变量的函数求数学期望、方差、协方差.

（5）利用把随机变量分解成数个具有相同分布且独立的随机变量之和来求数学特征.

本次课作业

1. 设随机变量 $X \sim \pi(\lambda)$，则 $E(X) = $ _____，则 $D(X) = $ _____.

2. 随机变量 X 的方差为 2，则 $P\{|X - E(X)| \geqslant 2\} \leqslant $ _____.

3. 随机变量 X 与 Y 相互独立，且服从参数为 λ 的泊松分布，则 $E(X+Y) =$ _____，$E(XY) =$ _____，$D(X+Y) =$ _____.

4. 随机变量 X 与 Y 的方差 $D(X) = 4$，$D(Y) = 1$，相关系数 $\rho_{XY} = 0.6$，则方差 $D(3X - 2Y) =$ _____.

5. 设 X 与 Y 相互独立，且 $E(X) = 10$，$E(Y) = 8$，$D(X) = D(Y) = 2$，则 $E[(X+Y)^2] =$ _____.

6. 设 X 与 Y 的相关系数为 0，则（ ）.

　A. X 与 Y 相互独立　　　　　B. X 与 Y 不一定相关

　C. X 与 Y 必不相关　　　　　D. X 与 Y 必相关

7. 已知离散型随机变量 X 的可能值为 $x_1 = -1$，$x_2 = 0$，$x_3 = 1$，且 $E(X) = 0.1$，$D(X) = 0.89$，则对应于 x_1、x_2、x_3 的概率 p_1、p_2、p_3 为（ ）.

　A. $p_1 = 0.4$，$p_2 = 0.1$，$p_3 = 0.5$

　B. $p_1 = 0.1$，$p_2 = 0.4$，$p_3 = 0.5$

　C. $p_1 = 0.5$，$p_2 = 0.1$，$p_3 = 0.4$

　D. $p_1 = 0.4$，$p_2 = 0.5$，$p_3 = 0.1$

8. 设 10 个电子管的寿命 X_i（其中 $i = 1, 2, \cdots, 10$）具有相同分布且独立，$D(X_i) = A$（其中 $i = 1, 2, \cdots, 10$），则 10 个电子管的平均寿命 Y 的方差 $D(Y) =$（ ）.

　A. A　　　　　　　　　　　B. $0.1A$

　C. $0.2A$　　　　　　　　　　D. $10A$

9. 设随机变量 (X, Y) 的概率密度为：

$$f(x, y) = \begin{cases} 6xy, & 0 < x < 1,\ 0 < y < 2(1-x) \\ 0, & \text{其他} \end{cases}$$

求 $E(X)$ 及 $E(XY)$.

10. 若随机变量 X 与 Y 相互独立，且 $D(X)$、$D(Y)$ 存在，试证明：
$D(XY) = D(X)D(Y) + D(Y)[E(X)]^2 + D(X)[E(Y)]^2$.

11. 设随机变量 X 与 Y 相互独立，且 $X \sim N(1, 2)$，$Y \sim N(0, 1)$，试求 $Z = 2X - Y + 3$ 的概率密度.

12. 求解以下问题：

(1) 设随机变量 $X \sim B(n, p)$，求 $\text{Cov}(X, n - X)$；

(2) 设随机变量 X 与 Y 的联合概率密度为：

$$f(x, y) = \begin{cases} \dfrac{1}{4}[1 + xy(x^2 - y^2)], & |x| < 1, \ |y| < 1 \\ 0, & \text{其他} \end{cases}$$

问 X 与 Y 是否相互独立，是否不相关.

課程名稱：　　　　　　　學習時間：　　　　　　年　月　日

授課章節	第五章　大数定律及中心極限定理 5.1 大数定律 5.2 中心極限定理
目的要求	掌握大数定律及中心極限定理
重点难点	中心極限定理，应用中心極限定理解决实际问题

主要内容　　　　　　　　　　　　　　　　　　学习笔录：

一、大数定律

通常，在概率论中用来阐明大量随机现象平均结果稳定性的一系列定理统称为大数定律. 大数定律深刻地揭示了随机事件的概率与频率之间的关系，因此其是概率论的重要理论基础. 大数定律从大量测量值的平均值出发，讨论并反映了算术平均值及频率的稳定性. 从理论上肯定了用算术平均值代替均值，以频率代替概率的合理性.

1. 切比雪夫大数定律

设随机变量 X_1，X_2，$\cdots$，X_n 相互独立，均具有有限方差，且对同一常数 C 有界，即 $D(X_i) < C$（其中 $i = 1，2，\cdots$），则对于任意的正数 ε，有：

$$\lim_{n \to +\infty} P\left\{ \left| \frac{1}{n}\sum_{k=1}^{n} X_k - \frac{1}{n}\sum_{k=1}^{n} E(X_k) \right| < \varepsilon \right\} = 1$$

2. 伯努利大数定理

设 n_A 是 n 次独立重复试验中事件 A 发生的次数，p 是事件 A 在每次试验中发生的概率，则对于任意正数 $\varepsilon > 0$，有：

$$\lim_{n \to +\infty} P\left\{ \left| \frac{n_A}{n} - p \right| < \varepsilon \right\} = 1$$

或

$$\lim_{n \to +\infty} P\left\{ \left| \frac{n_A}{n} - p \right| \geq \varepsilon \right\} = 0$$

3. 辛钦大数定律（弱大数定律）

设 X_1，X_2，$\cdots$，X_n 是相互独立，服从同一分布的随机变量序列，且具有数学期望 $E(X_k) = \mu$（其中 $k = 1，2，\cdots$）. 作前 n 个变量的算术平均值 $\frac{1}{n}\sum_{k=1}^{n} X_k$，则对于任意 $\varepsilon > 0$，有：

$$\lim_{n \to +\infty} P\left\{ \left| \frac{1}{n}\sum_{k=1}^{n} X_k - \mu \right| < \varepsilon \right\} = 1$$

　　辛钦大数定律用依概率收敛来描述又可叙述为：设 X_1，X_2，$\cdots$，X_n 是相互独立，服从同一分布的随机变量序列，且具有数学期望 $E(X_k) = \mu$（其中 $k = 1$，2，$\cdots$），则序列 $\overline{X} = \dfrac{1}{n}\sum\limits_{k=1}^{n} X_k$ 依概率收敛于 μ，即

$$\overline{X} \xrightarrow{P} \mu.$$

二、中心极限定理

　　概率论中有关论证随机变量和的极限分布是正态分布的那些定理通常叫作中心极限定理.

　　正态分布是概率论中三个重要分布之一，它是现实生活和科学技术中使用最多的一种分布. 许多随机变量本身并不属于正态分布，但在它们的共同作用下形成的随机变量和的极限分布是正态分布，它们的概率如何计算是一个很重要的问题. 中心极限定理阐明了在什么条件下，原本不属于正态分布的一些随机变量其总和分布近似地服从正态分布.

　　1. 独立同分布的中心极限定理

　　设随机变量 X_1，X_2，$\cdots$，X_n 相互独立，服从同一分布，且具有数学期望 $E(X_k) = \mu$，方差 $D(X_k) = \sigma^2 > 0$（其中 $k = 1$，2，$\cdots$），则随机变量之和 $\sum\limits_{k=1}^{n} X_k$ 的标准化变量

$$Y_n = \frac{\sum\limits_{k=1}^{n} X_k - E\left(\sum\limits_{k=1}^{n} X_k\right)}{\sqrt{D\left(\sum\limits_{k=1}^{n} X_k\right)}} = \frac{\sum\limits_{k=1}^{n} X_k - n\mu}{\sqrt{n}\,\sigma}$$

的分布函数 $F_n(x)$ 对于任意 x 满足：

$$\lim_{n \to +\infty} F_n(x) = \lim_{n \to +\infty} P\left\{\frac{\sum\limits_{k=1}^{n} X_k - n\mu}{\sqrt{n}\,\sigma} \leqslant x\right\}$$

$$= \int_{-\infty}^{x} \frac{1}{\sqrt{2\pi}} e^{-\frac{t^2}{2}} \mathrm{d}t = \Phi(x)$$

　　2. 棣莫弗 – 拉普拉斯定理

　　设随机变量 η_n（其中 $n = 1$，2，$\cdots$）服从参数为 n、p（其中 $0 < p < 1$）的二项分布，则对于任意 x，有：

$$\lim_{n \to +\infty} P\left\{\frac{\eta_n - np}{\sqrt{np(1-p)}} \leqslant x\right\} = \int_{-\infty}^{x} \frac{1}{\sqrt{2\pi}} e^{-\frac{t^2}{2}} \mathrm{d}t = \Phi(x)$$

课程名称： 　　　　学习时间： 　　　　年　月　日

本次课作业

1. 设 X_1，X_2，$\cdots$，X_n 是独立且均服从同一分布的随机变量序列，均值为 μ，方差为 σ^2，$\overline{X} = \dfrac{1}{n}\sum_{i=1}^{n}X_i$，那么当 n 充分大时，近似有 $\overline{X} \sim$ _____，$\dfrac{\overline{X} - \mu}{\sigma / \sqrt{n}} \sim$ _____．

2. 设 X_1，X_2，$\cdots$，X_n 是独立同分布的随机变量序列，且 X_i 的概率密度为 $f(x) = \begin{cases} \lambda e^{-\lambda x} & x > 0 \\ 0 & x \leqslant 0 \end{cases}$，则 $\lim\limits_{n \to +\infty} P\left\{ \dfrac{\lambda \sum_{i=1}^{n} X_i - n}{\sqrt{n}} \leqslant x \right\} =$ _____．

3. 若随机变量 X 在区间 $(-1, b)$ 内服从均匀分布，且由切比雪夫不等式得 $P\{|X - 1| < \varepsilon\} \geqslant \dfrac{2}{3}$，则 $b =$ _____，$\varepsilon =$ _____．

4. 设各零件的重量都是随机变量，它们相互独立，且服从相同的分布，其数学期望为 0.5 kg，均方差为 0.1 kg，问：5 000 只零件的总重量超过 2 510 kg 的概率是多少？

5. 某一谷物按以往规律所结的种子中良种所占比例 $\dfrac{1}{6}$，现从这批种子中随机地取出 6 000 粒，试问：在这些种子中，良种所占比例与 $\dfrac{1}{6}$ 比较大小相差不超过 $\dfrac{1}{1\,000}$ 的概率是多少？$[\Phi(0.208) = 0.583\,2]$

6. 一生产线生产的产品成箱包装，每箱的质量是随机的．假设每箱平均质量为 50 kg，标准差为 5 kg．若用最大载重量为 5 t 的汽车承运，试利用中心极限定理说明每辆汽车最多可以装多少箱，才能保障不超载的概率大于 0.977 $[\Phi(2) = 0.977$，其中 $\Phi(x)$ 是标准正态的分布函数$]$．

課程名称：　　　　　　　　　　学习时间：　　　　　　　　　　年　月　日

授课章节	第五章　大数定律及中心极限定理 习题课
目的要求	对本章整体内容进行梳理、复习和总结，加深对大数定律及中心极限定理的理解，通过做相关练习，争取掌握重点知识，突破难点
重点难点	中心极限定理，应用中心极限定理解决实际问题

主要内容　　　　　　　　　　　　　　　　　　　　　　学习笔录：

一、大数定律及中心极限定理的知识结构图

大数定律及中心极限定理的知识结构图如下图所示.

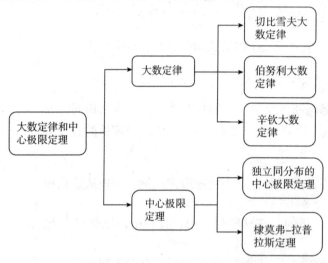

二、利用中心极限定理解决问题总结

（1）利用独立同分布的中心极限定理计算随机变量落在某一区间内的概率，其具体计算步骤为：

①正确选取独立同分布的随机变量 X_1，X_2，$\cdots$，X_n；

②计算 $E(X_k) = \mu$，$D(X_k) = \sigma^2 > 0$（其中 $k = 1$，2，$\cdots$，n），将 $\sum\limits_{k=1}^{n} X_k$ 标准化为 $\dfrac{\sum\limits_{k=1}^{n} X_k - n\mu}{\sqrt{n}\,\sigma}$；

③计算随机变量落在某一区间内的概率，具体公式为：

$$P\left\{ a \leqslant \sum_{k=1}^{n} X_k \leqslant b \right\} = P\left\{ \frac{a - n\mu}{\sqrt{n}\,\sigma} \leqslant \frac{\sum\limits_{k=1}^{n} X_k - n\mu}{\sqrt{n}\,\sigma} \leqslant \frac{b - n\mu}{\sqrt{n}\,\sigma} \right\}$$

$$\approx \Phi\left(\frac{b - n\mu}{\sqrt{n}\,\sigma} \right) - \Phi\left(\frac{a - n\mu}{\sqrt{n}\,\sigma} \right)$$

（2）利用棣莫弗 - 拉普拉斯定理计算随机变量落在某一区间内的概率，其具体计算步骤为：

① 正确选取二项分布变量 $X \sim B(n, p)$；

② 计算 $E(X) = np$，$D(X) = np(1 - p)$，将 X 标准化为 $\dfrac{X - np}{\sqrt{np(1 - p)}}$；

③ 计算随机变量落在某一区间内的概率，具体公式为：

$$P\{a \leqslant X \leqslant b\} = P\left\{\frac{a - np}{\sqrt{np(1 - p)}} \leqslant \frac{X - np}{\sqrt{np(1 - p)}} \leqslant \frac{b - np}{\sqrt{np(1 - p)}}\right\}$$

$$\approx \Phi\left(\frac{b - np}{\sqrt{np(1 - p)}}\right) - \Phi\left(\frac{a - np}{\sqrt{np(1 - p)}}\right)$$

（3）利用独立同分布的中心极限定理在概率确定的条件下，求样本数 n，其具体计算步骤为：

① 正确选取独立同分布的随机变量 X_1，X_2，$\cdots$，X_n；

② 计算 $E(X_k) = \mu$，$D(X_k) = \sigma^2 > 0$（其中 $k = 1$，2，$\cdots$，n），将

$\sum\limits_{k=1}^{n} X_k$ 标准化为 $\dfrac{\sum\limits_{k=1}^{n} X_k - n\mu}{\sqrt{n}\,\sigma}$；

③ 根据随机变量落在某一区间内的概率，查正态分布表，解不等式，得出 n 值.

（4）利用棣莫弗 - 拉普拉斯定理在概率确定的条件下，求样本数 n，其具体计算步骤为：

① 正确选取二项分布变量 $X \sim B(n, p)$；

② 计算 $E(X) = np$，$D(X) = np(1 - p)$，将 X 标准化为 $\dfrac{X - np}{\sqrt{np(1 - p)}}$；

③ 根据随机变量落在某一区间内的概率，查正态分布表，解不等式，得出 n 值.

本次课作业

1. 随机地选取 80 名学生在实验室测量某种化合物的 pH 值，各人测量的结果是随机变量，它们相互独立，服从同一分布，数学期望为 5，方差为 0.3，求测量结果的算术平均值介于 4.9 与 5.1 之间的概率的近似值. $[\Phi(1.63) \approx 0.9484$，其中 $\Phi(x)$ 是标准正态分布函数. $]$

2. 在次品率为 $\frac{1}{6}$ 的一批产品中，任意抽取 300 件，试计算在抽取的产品中次品件数在 40 到 60 之间的概率. $[\Phi(1.55) \approx 0.939\ 4]$

3. 一公寓有 200 户住户，一户住户拥有汽车辆数 X 是一个随机变量，其数学期望为 1.2，方差为 0.36，设各住户拥有汽车辆数是相互独立的，问：需要多少车位，才能使每辆汽车都具有一个车位的概率至少为 0.95？

4. 对敌阵地进行 100 次炮击，每次炮击炮弹命中颗数的数学期望为 4，方差为 2.25，求在这 100 次炮击中有 380 颗到 420 颗炮弹击中目标的概率. $[\Phi(1.333) \approx 0.908\ 2]$

授课章节	第六章　样本及抽样分布 6.1 简单随机样本 6.2 抽样分布
目的要求	理解总体、个体、样本和统计量的概念，了解经验分布函数；理解样本均值、样本方差的概念，掌握样本均值、样本方差的计算；了解三大抽样分布的定义及性质，了解分位点的概念并会查表计算；了解正态总体的某些常用统计量的分布
重点难点	几种常用的统计量及其分布

主要内容　　　　　　　　　　　　　　　　　　　　　**学习笔录：**

一、总体及样本

1. 总体与个体

在数理统计中将研究对象的全体称为总体(也称为母体).总体通常是指某个随机变量取值的全体，总体中的每一个可能的观察值称为个体，总体中所包含的个体的个数称为总体的容量.总体按所含个体的多少分为有限总体与无限总体.

2. 样本

设 X 是具有分布函数 F 的随机变量，若 X_1，X_2，$\cdots$，X_n 是具有同一分布函数 F 的、相互独立的随机变量，则称 X_1，X_2，$\cdots$，X_n 为总体 X 的容量为 n 的简单随机样本，简称样本.它们的观察值 x_1，x_2，$\cdots$，x_n 称为样本值，又称为 X 的 n 个独立的观察值.

二、统计量

1. 统计量

设 X_1，X_2，$\cdots$，X_n 是来自总体 X 的一个样本，$g(X_1$，X_2，$\cdots$，$X_n)$ 是 X_1，X_2，$\cdots$，X_n 的一个不含任何未知参数的连续函数，则称 $g(X_1$，X_2，$\cdots$，$X_n)$ 是一个统计量.统计量也是一个随机变量.

2. 常用的统计量

常用的统计量分别如下：

(1) 样本均值为：

$$\overline{X} = \frac{1}{n} \sum_{i=1}^{n} X_i$$

(2) 样本方差：

$$S^2 = \frac{1}{n-1} \sum_{i=1}^{n} (X_i - \overline{X})^2$$

$$= \frac{1}{n-1} \left(\sum_{i=1}^{n} X_i^2 - n \overline{X}^2 \right)$$

(3) 样本标准差为：

$$S = \sqrt{S^2} = \sqrt{\frac{1}{n-1} \sum_{i=1}^{n} (X_i - \overline{X})^2}$$

(4) 样本 k 阶(原点) 矩为：

$$A_k = \frac{1}{n} \sum_{i=1}^{n} X_i^k \qquad k = 1, 2, \cdots$$

(5) 样本 k 阶中心矩为：

$$B_k = \frac{1}{n} \sum_{i=1}^{n} (X_i - \overline{X})^k \qquad k = 2, 3, \cdots$$

三、抽样分布

1. 统计推断中常用的三大抽样分布

(1)χ^2 分布的具体介绍如下.

① 定义. 设 $X_1, X_2, \cdots, X_n$ 是来自总体 X 的一个样本，$X \sim N(0, 1)$，则称统计量(随机变量)

$$\chi^2 = X_1^2 + X_2^2 + \cdots + X_n^2$$

服从自由度为 n 的 χ^2 分布，记为 $\chi^2 \sim \chi^2(n)$.

② 性质. χ^2 分布的性质有如下几种：

（Ⅰ）可加性：设 $\chi_1^2 \sim \chi^2(n_1)$，$\chi_2^2 \sim \chi^2(n_2)$，且 χ_1^2、χ_2^2 独立，则有 $\chi_1^2 + \chi_2^2 \sim \chi^2(n_1 + n_2)$.

（Ⅱ）数字特征：若 $\chi^2 \sim \chi^2(n)$，则 $E(\chi^2) = n$，$D(\chi^2) = 2n$.

（Ⅲ）定义的推广：设 $X_1, X_2, \cdots, X_n$ 是来自总体 X 的一个样本，$X \sim N(\mu, \sigma^2)$，则 $Y = \frac{1}{\sigma^2} \sum_{i=1}^{n} (X_i - \mu)^2 \sim \chi^2(n)$.

（Ⅳ）χ^2 分布的分位点：χ^2 分布的上 α 分位点记为 $\chi_\alpha^2(n)$，由 $P\{\chi^2 > \chi_\alpha^2(n)\} = \alpha$，查 χ^2 分布分位表可得 $\chi_\alpha^2(n)$ 的值，但当 $n > 45$ 时，可以用 $\chi_\alpha^2(n) \approx \frac{1}{2} (z_\alpha + \sqrt{2n-1})^2$(其中 z_α 是标准正态分布的上 α 分位点) 来求 χ^2 分布的上 α 分位点的近似值.

(2)t 分布(或学生分布) 的具体介绍如下：

① 定义. 设 $X \sim N(0, 1)$，$Y \sim \chi^2(n)$，且 X、Y 独立，则称随机变量 $t = \frac{X}{\sqrt{Y/n}}$ 服从自由度为 n 的 t 分布，记为 $t \sim t(n)$.

② 性质. t 分布的性质有如下几种：

（Ⅰ）设 $h(t)$ 为 t 分布的概率密度函数，则有 $\lim\limits_{n\to+\infty}h(t)=\dfrac{1}{\sqrt{2\pi}}\mathrm{e}^{-\frac{t^2}{2}}$. 即当 n 足够大(通常 $n>45$) 时，t 分布近似于 $N(0,1)$ 分布.

（Ⅱ）对称性：由 $h(t)$ 图形的对称性可知 $t_{1-\alpha}(n)=-t_\alpha(n)$（运用此式可求 t 分布分位表中未列出的常用的上 α 分位点）.

（Ⅲ）定义的推广：设 $X\sim N(\mu,\sigma^2)$，$Y/\sigma^2\sim\chi^2(n)$，且 X、Y 独立，则随机变量 $T=\dfrac{X-\mu}{\sqrt{Y/n}}\sim t(n)$.

（Ⅳ）t 分布的分位点：t 分布的上 α 分位点记为 $t_\alpha(n)$，由 $P\{t>t_\alpha(n)\}=\alpha$，查 t 分布分位表可得 $t_\alpha(n)$ 的值；由 t 分布的性质（Ⅰ）可知，当 n 很大(通常 $n>45$) 时，对于常用的 α 的值，就可用标准正态分布近似，即 $t_\alpha\approx z_\alpha$（其中 z_α 是标准正态分布的上 α 分位点）.

（3）F 分布的具体介绍如下：

① 定义. 设 $U\sim\chi^2(n_1)$，$V\sim\chi^2(n_2)$，且 U、V 独立，则称随机变量 $F=\dfrac{U/n_1}{V/n_2}$ 服从自由度为 (n_1,n_2) 的 F 分布，记为 $F\sim F(n_1,n_2)$.

② 性质. F 分布的性质有如下几种：

（Ⅰ）若 $F\sim F(n_1,n_2)$，则 $\dfrac{1}{F}\sim F(n_2,n_1)$.

（Ⅱ）定义的特殊情况：若 $t\sim t(n)$，则 $T^2\sim F(1,n)$.

（Ⅲ）F 分布的分位点：F 分布的上 α 分位点记为 $F_\alpha(n_1,n_2)$，可由 $P\{F>F_\alpha(n_1,n_2)\}=\alpha$ 查 F 分布表得到.

（Ⅳ）运用 $F_{1-\alpha}(n_1,n_2)=\dfrac{1}{F_\alpha(n_2,n_1)}$ 可求 F 分布分位表中未列出的常用的上 α 分位点.

2. 任意总体的抽样分布

设任意总体 X 的均值 μ、方差 σ^2 存在，$X_1,X_2,\cdots,X_n$ 是来自 X 的一个样本，$\overline{X}$、S^2 分别是样本均值与样本方差，则总有

$$E(\overline{X})=\mu,\ D(\overline{X})=\frac{\sigma^2}{n},\ E(S^2)=\sigma^2$$

3. 正态总体的抽样分布

（1）单个总体样本均值和样本方差的分布，其特征如下：

设 $X\sim N(\mu,\sigma^2)$，$X_1,X_2,\cdots,X_n$ 是来自总体 X 的简单随机样本，$\overline{X}$、S^2 分别是样本均值与样本方差，则：

① $\overline{X} \sim N(\mu,\ \sigma^2/n)$，$\dfrac{\overline{X} - \mu}{\sigma/\sqrt{n}} \sim N(0,\ 1)$；

② $\dfrac{(n-1)S^2}{\sigma^2} \sim \chi^2(n-1)$；

③ $\overline{X}$ 与 S^2 独立；

④ $\dfrac{\overline{X} - \mu}{S/\sqrt{n}} \sim t(n-1)$.

（2）两个总体样本均值差和样本方差比的分布，其特征如下：

设 $X \sim N(\mu_1,\ \sigma_1^2)$，$Y \sim N(\mu_2,\ \sigma_2^2)$，且 X、Y 独立，$X_1,\ X_2,\ \cdots,$ X_{n_1} 与 $Y_1,\ Y_2,\ \cdots,\ Y_{n_2}$ 分别为取自 X、Y 的简单随机样本，设 $\overline{X} = \dfrac{1}{n_1}\sum\limits_{i=1}^{n_1} X_i$，$\overline{Y} = \dfrac{1}{n_2}\sum\limits_{i=1}^{n_2} Y_i$ 分别是这两个样本的均值，$S_1^2 = \dfrac{1}{n_1-1}\sum\limits_{i=1}^{n_1}(X_i - \overline{X})^2$，$S_2^2 = \dfrac{1}{n_2-1}\sum\limits_{i=1}^{n_2}(Y_i - \overline{Y})^2$ 分别是这两个样本的方差，记 $S_w^2 = \dfrac{(n_1-1)S_1^2 + (n_2-1)S_2^2}{n_1+n_2-2}$，则有：

① $\overline{X} - \overline{Y} \sim N\!\left(\mu_1 - \mu_2,\ \dfrac{\sigma_1^2}{n_1} + \dfrac{\sigma_2^2}{n_2}\right)$；

② $F = \dfrac{S_1^2/S_2^2}{\sigma_1^2/\sigma_2^2} \sim F(n_1 - 1,\ n_2 - 1)$；

③ 当 $\sigma_1^2 = \sigma_2^2 = \sigma^2$ 时，存在：

$$T = \frac{(\overline{X} - \overline{Y}) - (\mu_1 - \mu_2)}{S_w\sqrt{\dfrac{1}{n_1} + \dfrac{1}{n_2}}} \sim t(n_1 + n_2 - 2)$$

$$W = \frac{(n_1 + n_2 - 2)S_w^2}{\sigma^2} \sim \chi^2(n_1 + n_2 - 2)$$

本次课作业

1. 设 $X \sim N(\mu,\ \sigma^2)$，$Y \sim \chi^2(10)$，且 X 与 Y 相互独立，则 $\dfrac{X - \mu}{\sigma}\bigg/\sqrt{\dfrac{Y}{10}} \sim$ _____.

2. 设总体 $X \sim N(\mu,\ \sigma^2)$，$\overline{X}$ 与 S^2 分别是容量为 n 的样本均值与样本方差，则：

(1) $\sum\limits_{i=1}^{n}\left(\dfrac{X_i-\mu}{\sigma}\right)^2 \sim$ _____;

(2) $\sum\limits_{i=1}^{n}\left(\dfrac{X_i-\overline{X}}{\sigma}\right)^2 \sim$ _____.

3. 设 X_1，X_2，$\cdots$，X_n 为来自总体 $X \sim N(\mu,\ \sigma^2)$ 的样本，则：

(1) $\overline{X} = \dfrac{1}{n}\sum\limits_{i=1}^{n}X_i \sim$ _____;

(2) $\left(\dfrac{1}{n}\sum\limits_{i=1}^{n}X_i - \mu\right) \Big/ \dfrac{\sigma}{\sqrt{n}} \sim$ _____.

4. 求来自同一总体 $X \sim N(20,\ 3)$ 的容量分别为 10、15 的两独立样本均值差的绝对值大于 0.3 的概率. $[\Phi(0.424\,2) \approx 0.662\,8]$

5. 设 X_1，X_2，$\cdots$，X_{10} 为来自总体 $X \sim N(0,\ 0.3^2)$ 的一个样本，求 $P\left\{\sum\limits_{i=1}^{10}X_i^2 > 1.44\right\}$.

6. 已知 T 服从自由度为 n 的 t 分布，试证明：$T^2 \sim F(1,\ n)$.

课程名称：	学习时间：	年 月 日

授课章节	第六章 样本及抽样分布 习题课
目的要求	对本章整体内容进行梳理、复习和总结，加深对重点内容的理解，通过做相关练习，争取掌握重点知识，突破难点
重点难点	几种常用的统计量及其分布

主要内容

数理统计是以概率论为理论基础，根据试验或观察得到的数据来研究随机现象，并对其客观规律作出合理估计和判断的一个数学分支．要进行数理统计，首先必须得到数据，而取得数据的过程就是抽样过程．如何取样？取出的样本有何特点？取出的样本数据怎样进行处理？使之可以运用概率论方面的知识来进行研究，就是本章讨论的问题．因此，本章既是数理统计的基础，以后分析问题和解决问题的出发点和理论依据，又是联系概率论与数理统计的纽带．

数理统计的核心问题是由样本推断总体，总体、样本、统计量及其分布是本章的重点．样本是进行统计推断的依据，本课程讨论的样本均为同时满足既具有相互独立性，又具有与总体有相同分布的简单随机样本．为了对总体进行推断，在应用时常常针对不同问题构造样本的适当函数 —— 统计量，来进行统计推断．统计量的选择和运用在统计推断中占据核心地位，我们所涉及的统计量主要是各种样本的数字特征，如样本均值、样本方差、样本原点矩与样本中心矩等．而统计量的分布称为抽样分布，它是统计推断方法的重要基础，最常用的抽样分布有 χ^2 分布、t 分布和 F 分布，它们都是正态随机变量函数的分布，这三个分布在数理统计中有着广泛的应用，它们既是本章的重点，也是难点，应掌握它们的定义、密度函数图形的轮廓及某些特殊性质，还要会使用分位点表求出分位点．另外，正态总体在理论研究与实际应用中占有十分重要的地位，因为很多场合讨论的总体是正态总体，而且关于正态总体的理论性研究成果比较完整，应予以重视．

本次课作业

1. 设 X_1，X_2，$\cdots$，X_n 是来自正态总体 $X \sim N(\mu, \sigma^2)$ 的样本，$\bar{X}$ 为样本均值，S^2 为样本方差，则统计量 $T = \dfrac{\bar{X} - \mu}{S/\sqrt{n}}$ 服从的分布为_____．

学习笔录：

2. 设 X_1，X_2，$\cdots$，X_8 和 Y_1，Y_2，$\cdots$，Y_{10} 是分别来自两个正态总体 $X \sim N(-1, 4)$ 和 $Y \sim N(2, 5)$ 的样本，且相互独立，S_1^2 和 S_2^2 分别为两个样本的样本方差，则 $F = \dfrac{5S_1^2}{4S_2^2}$ 服从 _____.

3. Z_1，Z_2，$\cdots$，Z_{16} 是来自总体 $Z \sim N(2, \sigma^2)$ 的一个样本，$\overline{Z} = \dfrac{1}{16}\sum_{i=1}^{16} Z_i$，则 $\dfrac{4\overline{Z} - 8}{\sigma}$ 服从的分布是 _____.

4. 设 $\overline{X}$ 和 S^2 分别为来自正态总体 $X \sim N(0, \sigma^2)$ 的样本均值和样本方差，样本容量为 n，则 $\dfrac{n(\overline{X})^2}{S^2}$ 服从 _____分布.

5. 设 X_1，X_2，$\cdots$，X_n 是来自总体 X 的简单随机样本，则 X_1，X_2，$\cdots$，X_n 必然满足(　　).

A. 独立但与 X 分布不同

B. 与 X 分布相同但不相互独立

C. 相互独立且与 X 同分布

D. 独立且分布相同但与 X 分布不同

6. 设 X_1，X_2，$\cdots$，X_n 是来自正态总体 $X \sim N(\mu, \sigma^2)$ 的简单随机样本，其中 μ、σ^2 未知，则下面不是统计量的是(　　).

A. $\hat{\mu} = X_i$

B. $\overline{X} = \dfrac{1}{n}\sum_{i=1}^{n} X_i$

C. $S^2 = \dfrac{1}{n-1}\sum_{i=1}^{n} (X_i - \overline{X})^2$

D. $\hat{\mu} = \dfrac{1}{n}\sum_{i=1}^{n} (X_i - \mu)^2$

7. 设随机变量 X 和 Y 相互独立，都服从 $N(0, 4^2)$，而 X_1，X_2，$\cdots$，X_{16} 和 Y_1，Y_2，$\cdots$，Y_{16} 是分别来自总体 X 和 Y 的样本，则统计量 $V = \sum_{i=1}^{16} X_i \Big/ \sqrt{\sum_{i=1}^{16} Y_i^2}$ 服从的分布为(　　).

A. $t(15)$ 　　　　　　　　　B. $t(16)$

C. $\chi^2(15)$ 　　　　　　　　D. $\chi^2(16)$

8. 从总体 $X \sim N(\mu,\ \sigma^2)$ 中抽取容量为 16 的样本，但 μ、σ^2 未知，则有：

(1) 求 $P\{S^2/\sigma^2 \leqslant 2.041\}$，其中 S^2 为样本方差；

(2) 证明 $D(S^2) = \dfrac{2}{15}\sigma^4$.

9. 设 X_1，X_2，$\cdots$，X_n，X_{n+1} 是来自正态总体 $X \sim N(\mu,\ \sigma^2)$ 的样本，记 $\overline{X}_n = \dfrac{1}{n}\sum\limits_{i=1}^{n} X_i$，$S_n^2 = \dfrac{1}{n}\sum\limits_{i=1}^{n}(X_i - \overline{X}_n)^2$，求统计量 $U = \sqrt{\dfrac{n-1}{n+1}}\,\dfrac{X_{n+1} - \overline{X}_n}{S_n}$ 所服从的分布.

授课章节	第七章　参数估计 7.1 点估计
目的要求	理解参数的点估计、矩估计量与估计值的概念，掌握矩估计法（一阶、二阶矩）和最大似然估计
重点难点	矩估计法、最大似然估计

主要内容　　　　　　　　　　　　　　　　　　　　　　　**学习笔录：**

一、点估计

1. 估计量和估计值

设总体 X 的分布函数为 $F(x；\theta)$，其中 θ（也可能有多个参数）未知，X_1，X_2，$\cdots$，X_n 是 X 的一个样本，x_1，x_2，$\cdots$，x_n 是相应的一个样本值. 点估计问题就是要构造一个适当的统计量 $\hat{\theta}(X_1，X_2，\cdots，X_n)$，用其观察值 $\hat{\theta}(x_1，x_2，\cdots，x_n)$ 来估计未知参数 θ，称 $\hat{\theta}(X_1，X_2，\cdots，X_n)$ 为 θ 的估计量，$\hat{\theta}(x_1，x_2，\cdots，x_n)$ 为 θ 的估计值.

2. 矩估计法

设 X 为连续型随机变量，其概率密度为 $f(x；\theta_1，\theta_2，\cdots，\theta_k)$，或 X 为离散型随机变量，其分布律为 $P\{X=x\}=p(x；\theta_1，\theta_2，\cdots，\theta_k)$，其中 θ_1，θ_2，$\cdots$，θ_k 为待估参数. 设 X_1，X_2，$\cdots$，X_n 是来自 X 的样本. 假设总体 X 的前 k 阶矩

$$\mu_l=E(X^l)=\int_{-\infty}^{+\infty}x^l f(x；\theta_1，\theta_2，\cdots，\theta_k)\mathrm{d}x \quad (X 为连续型随机变量)$$

或

$$\mu_l=E(X^l)=\sum_{x\in \mathbf{R}_X}x^l p(x；\theta_1，\theta_2，\cdots，\theta_k) \quad (X 为离散型随机变量)$$

（其中 $l=1，2，\cdots，k$，$\mathbf{R}_X$ 是 X 可能取值的范围）存在，以样本矩

$$A_l=\frac{1}{n}\sum_{i=1}^{n}X_i^l$$

作为相应的总体矩的估计量，而以样本矩的连续函数作为相应的总体矩的连续函数估计量，这种估计方法称为矩估计法. 矩估计法的具体做法如下：

设

$$\begin{cases} \mu_1 = \mu_1(\theta_1, \theta_2, \cdots, \theta_k) \\ \mu_2 = \mu_2(\theta_1, \theta_2, \cdots, \theta_k) \\ \cdots \\ \mu_k = \mu_k(\theta_1, \theta_2, \cdots, \theta_k) \end{cases}$$

为一个包含 k 个未知参数 θ_1，θ_2，$\cdots$，θ_k 的联立方程组．一般来说，可以从中解出 θ_1，θ_2，$\cdots$，θ_k，得到：

$$\begin{cases} \theta_1 = \theta_1(\mu_1, \mu_2, \cdots, \mu_k) \\ \theta_2 = \theta_2(\mu_1, \mu_2, \cdots, \mu_k) \\ \cdots \\ \theta_k = \theta_k(\mu_1, \mu_2, \cdots, \mu_k) \end{cases}$$

以 A_i 分别代替上式中的 μ_i，$i = 1, 2, \cdots, k$，就以 $\hat{\theta}_i(A_1, A_2, \cdots, A_k)$，$i = 1, 2, \cdots, k$，分别作为 $\theta_i(i = 1, 2, \cdots, k)$ 的估计量，这种估计量称为矩估计量．矩估计量的观测值称为矩估计值．

3. 最大似然估计

设总体 X 是离散型的，其分布律为 $P\{X = x\} = p(x; \theta)$，$\theta$ 为未知参数．设 X_1，X_2，$\cdots$，X_n 是来自 X 的样本，x_1，x_2，$\cdots$，x_n 为样本值，则样本的联合分布律为：

$$P\{X_1 = x_1, X_2 = x_2, \cdots, X_n = x_n\} = \prod_{i=1}^{n} p(x_i; \theta)$$

对确定的样本值 x_1，x_2，$\cdots$，x_n，上式的右端是未知参数 θ 的函数，记为：

$$L(\theta) = L(x_1, x_2, \cdots, x_n; \theta) = \prod_{i=1}^{n} p(x_i; \theta)$$

称为样本的似然函数．

设连续型总体 X 的概率密度为 $f(x; \theta)$，其中 θ 为未知参数，定义似然函数为：

$$L(\theta) = L(x_1, x_2, \cdots, x_n; \theta) = \prod_{i=1}^{n} f(x_i; \theta)$$

若

$$L(x_1, x_2, \cdots, x_n; \hat{\theta}) = \max_{\theta \in \Theta} L(x_1, x_2, \cdots, x_n; \theta)$$

则称 $\hat{\theta}(x_1, x_2, \cdots, x_n)$ 为 θ 的极大似然估计值．$\hat{\theta}(X_1, X_2, \cdots, X_n)$ 为 θ 的极大似然估计量，这种方法称为极大似然估计．

若对任意给定的样本值 x_1，x_2，$\cdots$，x_n，存在 $\hat{\theta} = \hat{\theta}(x_1, x_2, \cdots, x_n)$，使 $L(\hat{\theta}) = \max\limits_{\theta \in \Theta} L(\theta)$，则称 $\hat{\theta} = \hat{\theta}(x_1, x_2, \cdots, x_n)$ 为 θ 的最大似然估计值，称 $\hat{\theta} = \hat{\theta}(X_1, X_2, \cdots, X_n)$ 为 θ 的最大似然估计量.

求最大似然估计量的步骤如下：

（1）写出似然函数，即：

$$L(\theta) = L(x_1, x_2, \cdots, x_n; \theta) = \prod_{i=1}^{n} f(x_i; \theta)$$

（2）求似然估计量，具体过程为：

① 取对数，即取 $\ln L(x_1, x_2, \cdots, x_n; \theta)$；

② 求导，即求 $\dfrac{\mathrm{d}}{\mathrm{d}\theta}\ln L(\theta)$，令 $\dfrac{\mathrm{d}}{\mathrm{d}\theta}\ln L(\theta) = 0$，得对数似然方程；

③ 解出 θ，即为所求的最大似然估计量 $\hat{\theta}$.

以上方法也适用于概率密度中含多个未知参数 θ_1，θ_2，$\cdots$，θ_k 的情况. 这时，似然函数 L 是这些未知参数的函数，分别令

$$\frac{\partial}{\partial \theta_i} L = 0 \quad (i = 1, 2, \cdots, k，\text{似然方程组})$$

或令

$$\frac{\partial}{\partial \theta_i} \ln L = 0 \quad (i = 1, 2, \cdots, k，\text{对数似然方程组})$$

解上述由 k 个方程组成的方程组，即可得到各未知参数 θ_i，$i = 1, 2, \cdots, k$ 的最大似然估计值 $\hat{\theta}_i$.

本次课作业

1. 设 X_1，X_2，$\cdots$，X_n 为总体 X 的一个样本，已知 X 的概率密度为：

$$f(x) = \begin{cases} \sqrt{\theta}\, x^{\sqrt{\theta}-1}, & 0 \leqslant x \leqslant 1 \\ 0, & \text{其他} \end{cases}$$

其中 $\theta > 0$ 为未知参数，求 θ 的矩估计量和最大似然估计量.

2. 设总体 $X \sim \pi(\lambda)$，X_1，X_2，$\cdots$，X_n 是来自总体 X 的一个样本，求 λ 的矩估计量和最大似然估计量.

3. 设 X_1，X_2，$\cdots$，X_n 是来自总体 X 的简单随机样本，总体 X 的分布函数为：

$$F(x, \beta) = \begin{cases} 1 - \dfrac{1}{x^{\beta}}, & x > 1 \\ 0, & x \leq 1 \end{cases}$$

其中未知参数 $\beta > 1$，求 β 的矩估计量和最大似然估计量.

4. 设总体 X 的概率密度为 $f(x; \lambda) = \begin{cases} \lambda^2 x e^{-\lambda x} & x \geq 0 \\ 0 & x < 0 \end{cases}$，其中 $\lambda(\lambda > 0)$ 是未知参数，X_1，X_2，$\cdots$，X_n 是来自总体 X 的简单随机样本，求 λ 的矩估计量及最大似然估计量.

課程名稱：　　　　　　　　　　学习时间：　　　　　　　年　月　日

<table>
<tr><td rowspan="2">授课章节</td><td colspan="2" style="text-align:center">第七章　参数估计</td></tr>
<tr><td colspan="2">7.2 估计量的评选标准
7.3 区间估计</td></tr>
<tr><td>目的要求</td><td colspan="2">掌握估计量的无偏性、有效性（最小方差性）的概念，了解一致性（相合性）的概念，会验证估计量的无偏性，了解区间估计的概念</td></tr>
<tr><td>重点难点</td><td colspan="2">估计量的无偏性、有效性的概念，估计区间的求法</td></tr>
</table>

主要内容　　　　　　　　　　　　　　　　学习笔录：

一、估计量的评选标准

设 X_1，X_2，$\cdots$，X_n 是来自 X 的一个样本，$\theta \in \Theta$ 是包含在总体 X 分布中的待估参数，这里 Θ 是 θ 的取值范围.

1. 无偏性

若估计量 $\hat{\theta} = \hat{\theta}(X_1，X_2，\cdots，X_n)$ 的数学期望 $E(\hat{\theta})$ 存在，且对于任意 $\theta \in \Theta$，有：

$$E(\hat{\theta}) = \theta$$

则称 $\hat{\theta}$ 是 θ 的无偏估计量.

2. 有效性

设 $\hat{\theta}_1 = \hat{\theta}_1(X_1，X_2，\cdots，X_n)$ 与 $\hat{\theta}_2 = \hat{\theta}_2(X_1，X_2，\cdots，X_n)$ 都是 θ 的无偏估计量，若对于任意 $\theta \in \Theta$，有：

$$D(\hat{\theta}_1) \leq D(\hat{\theta}_2)$$

且至少对于某一个 $\theta \in \Theta$，上式中的不等号成立，则称 $\hat{\theta}_1$ 较 $\hat{\theta}_2$ 有效.

3. 相合性

设 $\hat{\theta}(X_1，X_2，\cdots，X_n)$ 为参数 θ 的估计量，若对于任意 $\theta \in \Theta$，当 $n \to +\infty$ 时，$\hat{\theta}(X_1，X_2，\cdots，X_n)$ 依概率收敛于 θ，则称 $\hat{\theta}$ 为 θ 的相合估计量.

二、区间估计

设总体 X 的分布函数 $F(x；\theta)$ 含有一个未知参数 θ，$\theta \in \Theta$（Θ 为 θ 的取值范围），对于给定值 $\alpha(0 < \alpha < 1)$，若由来自总体 X 的样本 X_1，X_2，$\cdots$，X_n 确定的两个统计量 $\underline{\theta}(X_1，X_2，\cdots，X_n)$ 和 $\overline{\theta}(X_1，X_2，\cdots，X_n)(\underline{\theta} < \overline{\theta})$，对于任意 $\theta \in \Theta$，满足

$$P\{\underline{\theta}(X_1, X_2, \cdots, X_n) < \theta < \overline{\theta}(X_1, X_2, \cdots, X_n)\} \geqslant 1 - \alpha$$

则称随机区间$(\underline{\theta}, \overline{\theta})$是$\theta$的置信水平为$1 - \alpha$的置信区间，$\underline{\theta}$和$\overline{\theta}$分别称为置信水平为$1 - \alpha$的双侧置信区间的置信下限和置信上限，$1 - \alpha$称为置信水平(或置信度).

本次课作业

1. 设X_1，X_2，$\cdots$，X_n是总体$X \sim N(\mu, \sigma^2)$的样本，则样本均值$\overline{X} = \frac{1}{n} \sum_{i=1}^{n} X_i$是总体均值$E(X)$的_____估计量，$\hat{\sigma}^2 = \frac{1}{n} \sum_{i=1}^{n} (X_i - \mu)^2$是$\sigma^2$的_____估计量，$B^2 = \frac{1}{n} \sum_{i=1}^{n} (X_i - \overline{X})^2$是$\sigma^2$的_____估计量.

2. 设总体$X \sim N(\mu, \sigma^2)$，其中μ未知，X_1、X_2、X_3为其样本，则$\mu_1 = \frac{1}{4} X_1 + \frac{1}{2} X_2 + \frac{1}{4} X_3$，$\mu_2 = \frac{1}{6} X_1 + \frac{5}{6} X_3$是$\mu$的_____估计量，其中_____较_____有效.

3. 参数θ的置信水平为$1 - \alpha$的置信区间(θ_1, θ_2)的统计意义是_____.

4. 设X_1，X_2，$\cdots$，X_n为总体$X \sim N(\mu, \sigma^2)$的样本，对于$\alpha \in (0, 1)$，当σ^2已知时，μ的$1 - \alpha$置信区间为_____；当σ^2未知时，μ的置信水平为$1 - \alpha$的置信区间为_____；区间唯一吗? _____.

5. 设总体$X \sim N(\mu, \sigma^2)$，X_1，X_2，$\cdots$，X_n是X的样本，试确定常数C，使$T = C \sum_{i=1}^{n-1} (X_{i+1} - X_i)^2$为$\sigma^2$的无偏估计量.

6. 设 X_1，X_2，$\cdots$，X_n 是来自二项分布总体 $X \sim B(n, p)$ 的简单随机样本，$\overline{X}$ 为样本均值，S^2 为样本方差，试确定常数 k，使 $\overline{X} + kS^2$ 为 np^2 的无偏估计量.

7. 设 $\hat{\theta}$ 是 θ 的无偏估计量，且 $D(\hat{\theta}) > 0$，试证明 $\hat{\theta}^2 = (\hat{\theta})^2$ 不是 θ^2 的无偏估计量.

8. 设 $S^2 = \dfrac{1}{n-1} \sum\limits_{i=1}^{n} (X_i - \overline{X})^2$ 为样本方差，σ^2 为总体方差，试证明 S^2 是 σ^2 的无偏估计量.

授课章节	第七章　参数估计 7.4 正态总体的均值与方差的区间估计
目的要求	会求单个正态总体的均值和方差的置信区间，会求两个正态总体均值差和方差比的置信区间
重点难点	单个正态总体的均值和方差的置信区间的求法；两个正态总体均值差和方差比的置信区间的求法

主要内容　　　　　　　　　　　　　　　　　　　　　　　　**学习笔录：**

一、单个正态总体均值与方差的区间估计

设总体 $X \sim N(\mu, \sigma^2)$，$X_1, X_2, \cdots, X_n$ 为来自 X 的一个样本，$\overline{X}$、S^2 分别是样本均值和样本方差，已给定置信水平为 $1 - \alpha$.

1. 均值 μ 的置信区间

（1）当 σ^2 已知时，取枢轴变量 $Z = \dfrac{\overline{X} - \mu}{\sigma / \sqrt{n}} \sim N(0, 1)$，则 μ 的置信水平为 $1 - \alpha$ 的置信区间简记为：

$$\left(\overline{X} \pm \frac{\sigma}{\sqrt{n}} z_{\frac{\alpha}{2}} \right)$$

（2）当 σ^2 未知时，取枢轴变量 $t = \dfrac{\overline{X} - \mu}{S / \sqrt{n}} \sim t(n - 1)$，则 μ 的置信水平为 $1 - \alpha$ 的置信区间简记为：

$$\left(\overline{X} \pm \frac{S}{\sqrt{n}} t_{\frac{\alpha}{2}}(n - 1) \right)$$

2. 方差 σ^2 的置信区间

在方差 σ^2 的置信区间中本书只介绍 μ 未知的情形. 取枢轴变量 $\chi^2 = \dfrac{(n - 1)S^2}{\sigma^2} \sim \chi^2(n - 1)$，则 σ^2 的置信水平为 $1 - \alpha$ 的置信区间记为：

$$\left(\frac{(n - 1)S^2}{\chi^2_{\frac{\alpha}{2}}(n - 1)}, \frac{(n - 1)S^2}{\chi^2_{1 - \frac{\alpha}{2}}(n - 1)} \right)$$

进而得到 σ 的置信水平为 $1 - \alpha$ 的置信区间记为：

$$\left(\frac{\sqrt{n - 1} S}{\sqrt{\chi^2_{\frac{\alpha}{2}}(n - 1)}}, \frac{\sqrt{n - 1} S}{\sqrt{\chi^2_{1 - \frac{\alpha}{2}}(n - 1)}} \right)$$

二、两个正态总体的情形

设总体 $X \sim N(\mu_1, \sigma_1^2)$，$Y \sim N(\mu_2, \sigma_2^2)$，$X$、$Y$ 相互独立，且 $X_1, X_2, \cdots, X_{n_1}$ 为来自 X 的一个样本，$Y_1, Y_2, \cdots, Y_{n_2}$ 为来自 Y 的一个样本，$\overline{X}$、$\overline{Y}$、S_1^2、S_2^2 分别为它们的样本均值和样本方差，已给定置信水平为 $1-\alpha$.

1. 两个总体均值差 $\mu_1 - \mu_2$ 的置信区间

(1) 当 σ_1^2、σ_2^2 已知时，取枢轴变量 $Z = \dfrac{(\overline{X} - \overline{Y}) - (\mu_1 - \mu_2)}{\sqrt{\dfrac{\sigma_1^2}{n_1} + \dfrac{\sigma_2^2}{n_2}}} \sim$

$N(0, 1)$，则 $\mu_1 - \mu_2$ 的置信水平为 $1-\alpha$ 的置信区间简记为：

$$\left(\overline{X} - \overline{Y} \pm z_{\frac{\alpha}{2}} \sqrt{\frac{\sigma_1^2}{n_1} + \frac{\sigma_2^2}{n_2}} \right)$$

(2) 当 $\sigma_1^2 = \sigma_2^2 = \sigma^2$，且 σ^2 未知时，令

$$S_w^2 = \frac{(n_1 - 1)S_1^2 + (n_2 - 1)S_2^2}{n_1 + n_2 - 2}$$

取枢轴变量为 $t = \dfrac{(\overline{X} - \overline{Y}) - (\mu_1 - \mu_2)}{S_w \sqrt{\dfrac{1}{n_1} + \dfrac{1}{n_2}}} \sim t(n_1 + n_2 - 2)$，则 $\mu_1 - \mu_2$ 的置信水平为 $1-\alpha$ 的置信区间简记为：

$$\left(\overline{X} - \overline{Y} \pm t_{\frac{\alpha}{2}}(n_1 + n_2 - 2) S_w \sqrt{\frac{1}{n_1} + \frac{1}{n_2}} \right)$$

2. 两个总体方差比 σ_1^2/σ_2^2 的置信区间

在两个总体方差比 σ_1^2/σ_2^2 的置信区间中，只考虑 μ_1、μ_2 均为未知的情况. 取枢轴变量为 $F = \dfrac{S_1^2/\sigma_1^2}{S_2^2/\sigma_2^2} \sim F(n_1 - 1, n_2 - 1)$，则 σ_1^2/σ_2^2 的置信水平为 $1-\alpha$ 的置信区间记为：

$$\left(\frac{S_1^2}{S_2^2} \frac{1}{F_{\frac{\alpha}{2}}(n_1 - 1, n_2 - 1)}, \ \frac{S_1^2}{S_2^2} \frac{1}{F_{1-\frac{\alpha}{2}}(n_1 - 1, n_2 - 1)} \right)$$

本次课作业

1. 设某种油漆的 9 个样品，其干燥时间（单位为 h）分别为 6.0、5.7、5.8、6.5、7.0、6.3、5.6、6.1、5.0．设干燥时间服从 $N(\mu, \sigma^2)$，分别求 $\sigma = 0.6$ 和 σ 未知两种情况下 μ 的置信水平为 0.95 的置信区间．

2. 设总体 X 服从正态分布 $N(\mu, \sigma^2)$，μ 未知，对于 12 个样本，测得 $S^2 = 1.356$，求总体方差 σ^2 的置信水平为 0.98 的置信区间．

3. 试验农场在 20 块大小相同、条件一致的试验田上种植花生，其中 10 块施钾肥，其他耕种措施一样，结果产量如下表所示．

| （施钾肥）X | 62 | 57 | 58 | 65 | 60 | 63 | 58 | 57 | 60 | 60 |
| （未施钾肥）Y | 55 | 56 | 56 | 57 | 59 | 58 | 57 | 55 | 57 | 60 |

假设 $X \sim N(\mu_1, \sigma^2)$，$Y \sim N(\mu_2, \sigma^2)$，且相互独立，求置信水平为 0.95 的 $\mu_1 - \mu_2$ 的置信区间．

4. 设 $X \sim N(\mu_1, \sigma_1^2)$，$Y \sim N(\mu_2, \sigma_2^2)$，且相互独立，分别在 X、Y 中取容量为 16、31 的样本，算得 $S_1^2 = 5.15$，$S_2^2 = 6.18$，求方差比 σ_1^2/σ_2^2 的置信区间 $(\alpha = 0.05)$.

5. 设总体 $X \sim N(\mu, 10^2)$，若使 μ 的置信水平为 0.95 的置信区间长为 5，试问：样本容量 n 最小应为多少？置信水平为 0.99 时，n 又应为多少?

授课章节	第七章　参数估计 习题课
目的要求	对本章整体内容进行梳理、复习和总结，加深对重点内容的理解，通过做相关练习，争取掌握重点知识，突破难点
重点难点	点估计的两种方法，估计量的无偏性和有效性，单正态总体的区间估计问题，两个正态总体的情形

主要内容	学习笔录：

一、参数估计部分的知识结构图

参数估计部分的知识结构图如下图所示.

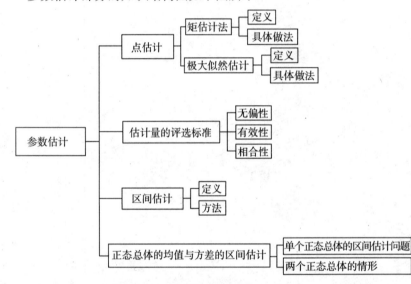

二、正态总体参数的区间估计问题总结

正态总体参数的区间估计问题总结列于下表中.

项目	待估参数	其他参数	枢轴变量的分布	置信区间
一个正态总体 $N(\mu,\ \sigma^2)$ 的情形	μ	σ^2 已知	$Z = \dfrac{\overline{X} - \mu}{\sigma / \sqrt{n}} \sim N(0,\ 1)$	$\left(\overline{X} \pm \dfrac{\sigma}{\sqrt{n}} z_{\frac{\alpha}{2}} \right)$
	μ	σ^2 未知	$t = \dfrac{\overline{X} - \mu}{S / \sqrt{n}} \sim t(n-1)$	$\left(\overline{X} \pm \dfrac{S}{\sqrt{n}} t_{\frac{\alpha}{2}}(n-1) \right)$
	σ^2	μ 已知	$x^2 = \dfrac{(n-1)S^2}{\sigma^2} \sim \chi^2(n-1)$	$\left(\dfrac{(n-1)S^2}{\chi_{\frac{\alpha}{2}}^2},\ \dfrac{(n-1)S^2}{\chi_{1-\frac{\alpha}{2}}^2(n-1)} \right)$

续表

项目	待估参数	其他参数	枢轴变量的分布	置信区间
两个正态总体 $N(\mu_1, \sigma_1^2)$ 与 $N(\mu_2, \sigma_2^2)$ 的情形	$\mu_1 - \mu_2$	σ_1^2、σ_2^2 已知	$Z = \dfrac{(\bar{X} - \bar{Y})(\mu_1 - \mu_2)}{\sqrt{\dfrac{\sigma_1^2}{n_1} + \dfrac{\sigma_2^2}{n_2}}}$	$\left(\bar{X} - \bar{Y} \pm z_{\frac{\alpha}{2}} \sqrt{\dfrac{\sigma_1^2}{n_1} + \dfrac{\sigma_2^2}{n_2}} \right)$
	$\mu_1 - \mu_2$	$\sigma_1^2 = \sigma_2^2 = \sigma_2$ 未知	$t = \dfrac{(\bar{X} - \bar{Y}) - (\mu_1 - \mu_2)}{S_w \sqrt{\dfrac{1}{n_1} + \dfrac{1}{n_2}}}$ $\sim t(n_1 + n_2 - 2)$ $S_w^2 = \dfrac{(n_1 - 1)S_1^2 + (n_2 - 1)S_2^2}{n_1 + n_2 - 2}$	$\left(\bar{X} - \bar{Y} \pm t_{\frac{\alpha}{2}}(n_1 + n_2 - 2) \cdot S_w \sqrt{\dfrac{1}{n_1} + \dfrac{1}{n_2}} \right)$
	σ_1^2 / σ_2^2	μ_1、μ_2 未知	$F = \dfrac{S_1^2 / S_2^2}{\sigma_1^2 / \sigma_2^2} \sim F(n_1 - 1, n_2 - 1)$	$\left(\dfrac{S_1^2}{S_1^2} \dfrac{1}{F_{\frac{\alpha}{2}}(n_1 - 1, n_2 - 1)}, \dfrac{S_1^2}{S_1^2} \dfrac{1}{F_{1-\frac{\alpha}{2}}(n_1 - 1, n_2 - 1)} \right)$

本次课作业

1. 设总体 X 服从正态分布 $N(\mu, \sigma^2)$，σ^2 已知，则总体均值 μ 的置信水平为 $1 - \alpha$ 的置信区间的长度与样本容量_____，与样本观察值_____.

2. 设总体 X 服从正态分布 $N(\mu, \sigma^2)$，μ 未知，则总体方差 σ^2 的置信水平为 $1 - \alpha$ 的置信区间为_____.

3. 当 $C = $ _____时，$(\bar{X})^2 - CS^2$ 是 μ^2 的无偏估计量（其中 $\bar{X}$ 为样本均值，S^2 为样本方差）.

4. 设 S_1^2、S_2^2 分别是正态总体 $X \sim N(\mu_1, \sigma_1^2)$，$Y \sim N(\mu_2, \sigma_2^2)$ 的容量分别为 n_1、n_2 的样本方差，且 X 与 Y 相互独立，μ_1 与 μ_2 未知，则两个总体方差比 σ_1^2 / σ_2^2 的置信水平为 $1 - \alpha$ 的置信区间为_____.

5. 正态总体方差未知，对给定的 $\alpha \in (0, 1)$，求总体均值 μ 的置信水平为 $1 - \alpha$ 的置信区间所使用的统计量是(　　　).

　　A. 服从标准正态分布的　　　　　B. 服从 t 分布的

　　C. 服从 χ^2 分布的　　　　　　D. 服从 F 分布的

6. 设 X_1、X_2、X_3 是来自正态总体 $X \sim N(\mu, \sigma^2)$ 的一个样本，则统计量 $\hat{\mu} = \frac{1}{5}X_1 + \frac{2}{5}X_2 + \frac{2}{5}X_3$ 是总体均值 μ 的(　　).

　　A. 矩估计量　　　　　　　　　B. 最大似然估计量

　　C. 无偏估计量　　　　　　　　D. 不是统计量

7. 设总体 X 服从正态分布 $N(\mu, \sigma^2)$，σ^2 已知，则当置信水平 $1 - \alpha$ 缩小时，总体均值 μ 的置信水平为 $1 - \alpha$ 的置信区间的长度(　　).

　　A. 不变　　　　　　　　　　　B. 增大

　　C. 缩小　　　　　　　　　　　D. 不能确定

8. 设总体 X 的概率密度为 $f(x; \theta) = \begin{cases} \dfrac{\theta^2}{x^3}e^{-\frac{\theta}{x}}, & x > 0 \\ 0, & x \leq 0 \end{cases}$，其中 $\theta > 0$ 是未知参数，$X_1, X_2, \cdots, X_n$ 是来自总体 X 的一个简单随机样本，求 θ 的矩估计量及最大似然估计量.

9. 设 $X_1, X_2, \cdots, X_n$ 是总体 $X \sim N(\mu, \sigma^2)$ 的简单随机样本. 记 $\overline{X} = \frac{1}{n}\sum_{i=1}^{n} X_i$，$S^2 = \frac{1}{n-1}\sum_{i=1}^{n}(X_i - \overline{X})^2$ 为样本方差，$T = \overline{X}^2 - \frac{1}{n}S^2$.

　　试证明 T 是 μ^2 的无偏估计量；当 $\mu = 0$，$\sigma = 1$ 时，求 $D(T)$.

10. 已知总体 X 是离散型随机变量，X 的可能取值为 0、1、2，且 $P\{X = 2\} = (1 - \theta)^2$，$E(X) = 2(1 - \theta)$（$\theta$ 为未知参数）.

(1) 试求 X 的分布律.

(2) 对 X 抽取容量为 10 的样本，其中 5 个取 1，3 个取 2，2 个取 0. 求 θ 的矩估计值、最大似然估计值.

11. 设甲、乙两台机器生产的钢管的内径分别服从正态分布 $N(\mu_1, \sigma_1^2)$，$N(\mu_2, \sigma_2^2)$，现从甲机器生产的钢管中抽取 8 只，从乙机器生产的钢管中抽取 9 只，测得其内径值（单位：cm）如下表所示.

甲机器	14.8	15.2	15.1	14.9	15.4	15.2	14.8	15.0	
乙机器	15.0	14.5	15.1	14.8	14.6	15.1	14.8	15.0	15.2

若 μ_1、μ_2 未知，求方差比 σ_1^2 / σ_2^2 的置信水平为 0.90 的置信区间.

参考答案

第一章

1. 1/1. 2

(1)$A\overline{B}\overline{C}$；(2) $AB\overline{C}$；(3) ABC；(4) $A \cup B \cup C$；(5)$(A\overline{B}\overline{C}) \cup (\overline{A}B\overline{C}) \cup (\overline{A}\overline{B}C)$；
(6) $\overline{ABC}$；(7) $\overline{A}\,\overline{B}\,\overline{C}$.

1. 3/1. 4

1. $\dfrac{5}{12}$.

2. $P(B) = 1 - p$，$P(\overline{A}B) = 1 - p - q$.

3. (1)$P_1 = \dfrac{n!}{N^n}$；(2)$P_2 = \dfrac{C_N^n n!}{N^n}$.

4. (1) $\dfrac{12}{25} = 0.48$；(2) $\dfrac{3^3}{5^3} = 0.216$；(3) $\dfrac{12}{125} = 0.096$；(4) 0.488.

5. $\dfrac{3}{8}$，$\dfrac{9}{16}$，$\dfrac{1}{16}$.

6. $\dfrac{A_{10}^8}{10^8} = 0.018$.

7. 0.24.

8. (1) 0.091；(2) 0.9.

9. $\dfrac{1}{4}$.

1. 5

1. (1) $\dfrac{4}{7}$；(2) 0.25.

2. $\dfrac{1}{2}$.

3. (1) 0.3；(2) 0.6.

4. (1) 0.038；(2) 0.263.

1. 6

1. (1) $\dfrac{1}{3}$；(2)0.25；(3) $P(A) = \dfrac{1}{2}$，$P(B) = \dfrac{1}{2}$.

2. (1) $1 - (1 - p)^n$; (2) $(1 - p)^n + C_n^1 p(1 - p)^{n-1}$.

3. 0.6.

4. (1) 0.003; (2) 0.997; (3) 0.059.

习题课

1. (1) $\dfrac{1}{2}$; (2) $\dfrac{1}{6}$; (3) $\dfrac{3}{8}$.

2. 0.62.

3. 0.

4. 0.5.

5. A.

6. A.

7. D.

8. 0.08.

9. (1) 0.83; (2) 0.988.

10. 略.

第二章

2. 1/2. 2

1. $\dfrac{1}{1 + \alpha}$.

2. $\dfrac{11}{24}$.

3. $C_{200}^3 \left(\dfrac{1}{40}\right)^3 \left(\dfrac{39}{40}\right)^{197} \approx \dfrac{5^3 e^{-5}}{3!}$.

4.

X	3	4	5
p_k	$\dfrac{1}{10}$	$\dfrac{3}{10}$	$\dfrac{6}{10}$

5.

X	-1	2	4
p_k	0.2	0.5	0.3

6.

X	0	1	2	3
p_k	$\dfrac{3}{4}$	$\dfrac{9}{44}$	$\dfrac{9}{220}$	$\dfrac{1}{220}$

7. $P\{X = k\} = \left(\dfrac{9}{10}\right)^{k-1} \cdot \dfrac{1}{10}$, $k = 1, 2, 3, \cdots$.

8. $P\{X = k\} = \dfrac{C_3^k C_{37}^{4-k}}{C_{40}^4}$, $k = 0$, 1, 2, 3.

9. $P\{X = k\} = \left(\dfrac{1}{4}\right)^{k-1} \cdot \dfrac{3}{4}$, $k = 1$, 2, 3, $\cdots$.

10. (1) $X \sim B(5, \dfrac{2}{3})$, 即:

X	0	1	2	3	4	5
p_k	$\dfrac{1}{243}$	$\dfrac{10}{243}$	$\dfrac{40}{243}$	$\dfrac{80}{243}$	$\dfrac{80}{243}$	$\dfrac{32}{243}$

(2) $P\{X = k\} = \dfrac{C_4^k C_{6-4}^{5-k}}{C_6^5}$ ($k = 3$, 4), 即:

X	3	4
p_k	$\dfrac{2}{3}$	$\dfrac{1}{3}$

11. 0.341.

12. (1)0.029 8; (2) 0.566 5.

13. 11 次.

2.3

1. A.

2. B.

3. (1) $A = 0$, $B = 1$; (2) $\dfrac{1}{2}$.

2.4

1. 1, $\displaystyle\int_{-\infty}^{x} f(x)\,\mathrm{d}x$.

2. 0, $\dfrac{1}{2}$.

3. a.

4. $A = \dfrac{1}{2}$, $B = \dfrac{1}{\pi}$; $\dfrac{1}{\pi(1 + x^2)}$, $x \in (-\infty, +\infty)$; $\dfrac{1}{2}$.

5. $f_X(x) = F'_X(x) = \begin{cases} \dfrac{1}{x}, & 1 < x < \mathrm{e} \\ 0, & \text{其他} \end{cases}$; $\ln 2$; 1; $\ln \dfrac{5}{2}$.

6. $\dfrac{1}{\pi}$; $\dfrac{1}{3}$.

7. 0.8.

8. $1 - \mathrm{e}^{-\frac{1}{3}}$.

9. 0. 841 3, 0. 003 0, 0. 401 3, 0. 761 2；$C = 1.5$.

10. 0. 2.

11. 0. 045 6.

2. 5

1. $Y = X^2$ 的分布律为：

Y	0	1	4	9
p_k	$\dfrac{1}{5}$	$\dfrac{7}{30}$	$\dfrac{1}{5}$	$\dfrac{11}{30}$

$Y = 2X - 6$ 的分布律为：

Y	-10	-8	-6	-4	0
p_k	$\dfrac{1}{5}$	$\dfrac{1}{6}$	$\dfrac{1}{5}$	$\dfrac{1}{15}$	$\dfrac{11}{30}$

2. $\begin{cases} \dfrac{1}{2}\lambda\,\mathrm{e}^{\frac{1}{2}\lambda(y+3)}, & y < -3 \\ 0, & y \geqslant -3 \end{cases}$.

3. $f_Y(y) = \dfrac{2\mathrm{e}^y}{\pi(1 + \mathrm{e}^{2y})}\,(-\infty < y < +\infty)$；$P\{Y \leqslant 0\} = \dfrac{1}{2}$.

4. $f_Y(y) = \begin{cases} \dfrac{1}{2\mathrm{e}\sqrt{\pi y}}\left(\mathrm{e}^{-y+2\sqrt{y}} + \mathrm{e}^{-y-2\sqrt{y}}\right), & y > 0 \\ 0, & \text{其他} \end{cases}$.

习题课

1. 1.

2. 2.

3. $\dfrac{1}{2\sqrt{y}}$.

4. C.

5. C.

6. B.

7. $a = \dfrac{1}{6}$，$b = \dfrac{5}{6}$，X 的分布律为：

X	-1	1	2
p_k	$\dfrac{1}{6}$	$\dfrac{1}{3}$	$\dfrac{1}{2}$

8. $F(x) = \begin{cases} 0, & x < 0 \\ \dfrac{x}{a}, & 0 \leqslant x < a. \\ 1, & x \geqslant a \end{cases}$

9. $k = \dfrac{1}{2}$; $F(x) = \displaystyle\int_{-\infty}^{x} \dfrac{1}{2}\cos x \mathrm{d}x = \begin{cases} 0, & x < -\dfrac{\pi}{2} \\[2mm] \dfrac{1}{2}(1 + \sin x), & -\dfrac{\pi}{2} \leqslant x < \dfrac{\pi}{2}; \\[2mm] 1, & x \geqslant \dfrac{\pi}{2} \end{cases}$ $\dfrac{1}{2} - \dfrac{\sqrt{2}}{4}$.

10. Y 的分布律为 $P\{Y = k\} = C_5^k(\mathrm{e}^{-2})^k(1 - \mathrm{e}^{-2})^{5-k}$，即：

Y	0	1	2	$\cdots$	5
p_k	$(1 - \mathrm{e}^{-2})^5$	$5\mathrm{e}^{-2}(1 - \mathrm{e}^{-2})^4$	$C_5^2\mathrm{e}^{-4}(1 - \mathrm{e}^{-2})^3$	$\cdots$	e^{-10}

$P\{Y \geqslant 1\} \approx 0.516\ 7$.

11. $\dfrac{19}{27}$.

12. 随机变量 X 的分布律为：

X	1	2	3
p_k	$\dfrac{6}{16}$	$\dfrac{9}{16}$	$\dfrac{1}{16}$

随机变量 X 的函数 $Y = X^2 + 1$ 的分布律为：

$Y = X^2 + 1$	2	5	10
p_k	$\dfrac{6}{16}$	$\dfrac{9}{16}$	$\dfrac{1}{16}$

第三章

3.1

1. $1 - 2\mathrm{e}^{-1.2} + \mathrm{e}^{-2.4}$.

2. $\begin{cases} \dfrac{1}{\pi R^2}, & (x, y) \in D \\[2mm] 0, & (x, y) \notin D \end{cases}$; $\dfrac{1}{2}$.

3. 0.7.

4. X 和 Y 的联合分布律为：

Y	X			
	0	1	2	3
0	0	0	$\dfrac{3}{35}$	$\dfrac{2}{35}$
1	0	$\dfrac{6}{35}$	$\dfrac{12}{35}$	$\dfrac{2}{35}$
2	$\dfrac{1}{35}$	$\dfrac{6}{35}$	$\dfrac{3}{35}$	0

5. (X, Y) 的分布律为

Y	X	
	0	1
0	$\dfrac{3}{10}$	$\dfrac{3}{10}$
1	$\dfrac{3}{10}$	$\dfrac{1}{10}$

6. $\dfrac{1}{8}$；$\dfrac{3}{8}$；$\dfrac{2}{3}$.

3. 2/3. 3

1. $f_X(x) = \begin{cases} 1+x, & -1 \leqslant x < 0 \\ 1-x, & 0 \leqslant x \leqslant 1 \\ 0, & 其他 \end{cases}$，$f_Y(y) = \begin{cases} 2y, & 0 \leqslant y \leqslant 1 \\ 0, & 其他 \end{cases}$.

2. (X, Y) 的分布律为：

X	Y		
	0	$\dfrac{1}{3}$	1
-1	0	$\dfrac{1}{12}$	$\dfrac{1}{3}$
0	$\dfrac{1}{6}$	0	0
2	$\dfrac{5}{12}$	0	0

关于 X 的边缘分布律为：

X	-1	0	2
p_k	$\dfrac{5}{12}$	$\dfrac{1}{6}$	$\dfrac{5}{12}$

关于 Y 的边缘分布律为：

Y	0	$\dfrac{1}{3}$	1
p_k	$\dfrac{7}{12}$	$\dfrac{1}{12}$	$\dfrac{1}{3}$

3. $A = 1$；$f_X(x) = \begin{cases} \cos x, & 0 \leqslant x \leqslant \dfrac{\pi}{2} \\ 0, & 其他 \end{cases}$，$f_Y(y) = \begin{cases} \sin y, & 0 \leqslant y \leqslant \dfrac{\pi}{2} \\ 0, & 其他 \end{cases}$.

3. 4

1.

X_1	X_2	
	0	1
0	(0.2)	(0.3)
1	(0.2)	0.3

2. $f_X(x)f_Y(y) = \begin{cases} 1, & 0 \le x \le 1, \ 0 \le y \le 1 \\ 0 & 其他 \end{cases}$.

3. A.

4. $a + b = \dfrac{11}{24}$; $a = \dfrac{1}{12}$; $b = \dfrac{3}{8}$.

5. $f_X(x) = \begin{cases} e^{-x}, & x > 0 \\ 0 & 其他 \end{cases}$, $f_Y(y) = \begin{cases} ye^{-y}, & y > 0 \\ 0, & 其他 \end{cases}$; 不独立; $1 - 2e^{-\frac{1}{2}} + e^{-1}$.

6. (1) $f(x, y) = f_X(x)f_Y(y) = \begin{cases} \dfrac{1}{2}e^{-\frac{y}{2}}, & 0 < x < 1, \ y > 0 \\ 0, & 其他 \end{cases}$; (2) 0.144 5.

3. 5

1. $\displaystyle\int_{-\infty}^{+\infty}\int_{-\infty}^{b-y} f(x, y)\,\mathrm{d}x\mathrm{d}y$, $\displaystyle\int_{-\infty}^{b} f_Z(z)\,\mathrm{d}z$.

2. $N(0, 2\sigma^2)$, $\dfrac{1}{2\sqrt{\pi}\,\sigma}e^{-\frac{x^2}{4\sigma^2}}$.

3. (1) $Z = X + Y$, $M = \max\{X, Y\}$, $N = \min\{X, Y\}$ 的分布律为:

Z	0	1	2	3	4
p_k	$\dfrac{1}{8}$	$\dfrac{1}{8}$	$\dfrac{5}{16}$	$\dfrac{3}{8}$	$\dfrac{1}{16}$

M	1	2
p_k	$\dfrac{1}{4}$	$\dfrac{3}{4}$

N	-1	0	1	2
p_k	$\dfrac{3}{16}$	$\dfrac{5}{16}$	$\dfrac{7}{16}$	$\dfrac{1}{16}$

(2) (X, Y) 关于 X 和 Y 的边缘分布律为:

X	-1	0	1	2
p_k	$\dfrac{3}{16}$	$\dfrac{5}{16}$	$\dfrac{3}{16}$	$\dfrac{5}{16}$

Y	1	2
p_k	$\dfrac{1}{2}$	$\dfrac{1}{2}$

（3）不独立.

4. $f_Z(z) = \begin{cases} 0, & z < 0 \\ 1 - e^{-z}, & 0 \leqslant z < 1. \\ (e-1)e^{-z}, & z \geqslant 1 \end{cases}$

习题课

1. D.

2. D.

3. A.

4. A.

5. $A = \dfrac{1}{\pi^2}$, $B = \dfrac{\pi}{2}$, $C = \dfrac{\pi}{2}$; $f(x, y) = \dfrac{6}{\pi^2(x^2+4)(y^2+9)}$; $F_X(x) = \dfrac{1}{2} + \dfrac{1}{\pi}\arctan\dfrac{x}{2}$,

$F_Y(y) = \dfrac{1}{2} + \dfrac{1}{\pi}\arctan\dfrac{y}{3}$, $f_X(x) = \dfrac{2}{\pi(x^2+4)}$, $f_Y(y) = \dfrac{3}{\pi(y^2+9)}$.

6. X 与 Y 的联合分布律为:

Y	X			
	0	1	2	3
1	$\dfrac{3}{64}$	0	0	$\dfrac{1}{64}$
2	$\dfrac{18}{64}$	$\dfrac{9}{64}$	$\dfrac{9}{64}$	0
3	$\dfrac{6}{64}$	$\dfrac{18}{64}$	0	0

Y 的边缘分布律为:

Y	1	2	3
p_k	$\dfrac{8}{64}$	$\dfrac{36}{64}$	$\dfrac{24}{64}$

在 $X = 0$ 条件下, Y 的条件分布为:

$Y \mid X = 0$	1	2	3
$P_{Y\mid X}(y_j \mid x_1)$	$\dfrac{1}{9}$	$\dfrac{6}{9}$	$\dfrac{2}{9}$

不相互独立.

7. $C = 12$; $f_X(x) = \begin{cases} 3e^{-3x}, & x > 0 \\ 0, & x \leqslant 0 \end{cases}$, $f_Y(y) = \begin{cases} 4e^{-4y}, & y > 0 \\ 0, & y \leqslant 0 \end{cases}$;

$$F(x,\ y) = \begin{cases} (1 - e^{-3x})(1 - e^{-4y}), & x > 0,\ y > 0 \\ 0, & \text{其他} \end{cases} ; \quad \text{相互独立};\ (1 - e^{-3})(1 - e^{-8});\ f_Z(z)$$

$$= \begin{cases} 12e^{-4z}(e^z - 1), & z > 0 \\ 0, & z \leqslant 0 \end{cases}.$$

第四章

4.1

1. $E(X^2) = 2.8$.

2. 1.

3. $E(Y_1) = \dfrac{2}{3},\ E(Y_2) = \dfrac{35}{24}$.

4. $E(Y) = 1.75$.

5. $E(X) = \displaystyle\sum_{i=1}^{M} E(X_i) = M\left[1 - \left(\dfrac{M-1}{M}\right)^n\right]$.

6. $E(X) = \dfrac{3}{2},\ E(Y) = \dfrac{3}{2},\ E(XY) = \dfrac{9}{4}$.

4.2

1. 0.8.

2. 3.

3. 1.

4. $\dfrac{16}{3}$.

5. $D(X) + 4D(Y)$.

6. $\mu,\ \dfrac{\sigma^2}{n}$.

7. $\dfrac{1}{e}$.

8. (1) ×; (2) √; (3) ×.

9. $E(X) = 0,\ D(X) = 2$.

10. $E(\xi) = (\alpha + \beta)\mu,\ E(\zeta) = (\alpha - \beta)\mu,\ D(\xi) = (\alpha^2 + \beta^2)\sigma^2,\ D(\zeta) = (\alpha^2 + \beta^2)\sigma^2$.

11. (1) $E(X) = 1,\ D(X) = \dfrac{1}{6}$; (2) $X^* = \dfrac{X - E(X)}{\sqrt{D(X)}} = \sqrt{6}\,(X - 1)$.

4.3

1. (1) $\rho_{XY} = 0$.

2. 相互独立.

3. (1) ×; (2) ×; (3) ×; (4) √.

4. $E(X) = 1,\ D(X) = 3$.

5. $E(X) = E(Y) = \dfrac{7}{6}$，$\mathrm{Cov}(X, Y) = -\dfrac{1}{36}$，$\rho_{XY} = -\dfrac{1}{11}$.

习题课

1. λ，λ.

2. $\dfrac{1}{2}$.

3. 2λ，λ^2，2λ.

4. 25.6.

5. 328.

6. C.

7. A.

8. B.

9. $E(X) = \dfrac{2}{5}$，$E(XY) = \dfrac{4}{15}$.

10. 略.

11. $f_Z(z) = \dfrac{1}{3\sqrt{2\pi}} e^{-\frac{(z-5)^2}{18}}$.

12.（1）$-np(1-p)$；（2）X 与 Y 不相互独立，X 与 Y 不相关.

第五章

5.1/5.2

1. $N\left(\mu, \dfrac{\sigma^2}{n}\right)$，$N(0, 1)$.

2. $\Phi(x)$.

3. 3，2.

4. 0.079 3.

5. 0.166 4.

6. 98 箱.

习题课

1. 0.896 8.

2. 0.878 8.

3. 至少需要 254 个车位.

4. 0.816 4.

第六章

6.1/6.2

1. $t(10)$.

2. $(1)\chi^2(n)$；$(2)\chi^2(n-1)$.

3. $(1)N\left(\mu,\ \dfrac{\sigma^2}{n}\right)$；$(2)N(0,\ 1)$.

4. 0.674 4.

5. 0.1.

6. 略(结合 t 分布和 F 分布的定义即可求证).

习题课

1. $t(n-1)$.

2. $F(7,\ 9)$.

3. $N(0,\ 1)$.

4. $F(1,\ n-1)$.

5. C.

6. D.

7. B.

8. $(1)\ 0.99$；(2) 略 $\left(\text{结合 } D\left(\dfrac{(n-1)S^2}{\sigma^2}\right)=D[\chi^2(n-1)]=2(n-1) \text{ 和方差性质可得}\right)$.

9. 由 t 分布的定义即可求得 $t(n-1)$.

第七章

7.1

1. 矩估计量为 $\hat{\theta}=\left(1-\overline{X}\right)^2$，最大似然估计量为 $\hat{\theta}=\dfrac{n^2}{\left(\sum\limits_{i=1}^{n}\ln X_i\right)^2}$.

2. 矩估计量为 $\hat{\lambda}=\overline{X}$，最大似然估计量为 $\hat{\lambda}=\overline{X}$.

3. 矩估计量为 $\hat{\beta}=\dfrac{\overline{X}-1}{\overline{X}}$，最大似然估计量为 $\hat{\beta}=\dfrac{n}{\sum\limits_{i=1}^{n}\ln X_i}$.

4. 矩估计量为 $\hat{\lambda}=\dfrac{2}{\overline{X}}$，最大似然估计量为 $\hat{\lambda}=\dfrac{2}{\overline{X}}$.

7.2/7.3

1. 无偏，无偏，有偏.

2. 无偏，μ_1，μ_2.

3. $P\{\theta_1<\theta<\theta_2\}=1-\alpha$.

4. $\left(\overline{X}\pm\dfrac{\sigma}{\sqrt{n}}z_{\frac{\alpha}{2}}\right)$，$\left(\overline{X}\pm\dfrac{S}{\sqrt{n}}t_{\frac{\alpha}{2}}(n-1)\right)$，不是唯一的.

5. $C=\dfrac{1}{2(n-1)}$.

6. -1.

7. 略(即证 $E(\hat{\theta}^2) \neq \theta^2$).

8. 略.

7. 4

1. $(5.608,\ 6.392)$，$(5.558,\ 6.442)$.

2. $(0.603,\ 4.886)$.

3. $(0.923,\ 5.077)$.

4. $(0.361,\ 2.199)$.

5. $n = 62$，$n = 107$.

习题课

1. 有关，无关.

2. $\left(\dfrac{(n-1)S^2}{\chi^2_{\frac{\alpha}{2}}(n-1)},\ \dfrac{(n-1)S^2}{\chi^2_{1-\frac{\alpha}{2}}(n-1)} \right)$.

3. $\dfrac{1}{n}$.

4. $\left(\dfrac{S_1^2}{S_2^2} \dfrac{1}{F_{\frac{\alpha}{2}}(n_1-1,\ n_2-1)},\ \dfrac{S_1^2}{S_2^2} \dfrac{1}{F_{1-\frac{\alpha}{2}}(n_1-1,\ n_2-1)} \right)$.

5. B.

6. C.

7. C.

8. 矩估计量为 $\hat{\theta} = \bar{X}$，最大似然估计量为 $\hat{\theta} = \dfrac{2n}{\sum\limits_{i=1}^{n} \dfrac{1}{x_i}}$.

9. 略；$\dfrac{2}{n(n-1)}$.

10. (1)X 的分布律为：

X	0	1	2
p	θ^2	$2\theta(1-\theta)$	$(1-\theta)^2$

(2) 矩估计值为 $\hat{\theta} = \dfrac{9}{20}$；最大似然估计值为 $\hat{\theta} = \dfrac{9}{20}$.

11. 置信区间为$(0.227,\ 2.965)$.

参 考 文 献

[1] 陈仲堂，赵德平. 概率论与数理统计 [M]. 北京：高等教育出版社，2012.

[2] 盛骤，谢式千，潘承毅. 概率论与数理统计 [M]. 4 版. 北京：高等教育出版社，2008.

[3] 吴赣昌. 概率论与数理统计 [M]. 3 版. 北京：中国人民大学出版社，2009.

[4] 赵德平，陈仲堂. 概率论与数理统计 [M]. 北京：北京理工大学出版社，2013.

[5] 茆诗松. 概率论与数理统计教程 [M]. 2 版. 北京：高等教育出版社，2011.

[6] 陈荣江，张万琴. 概率论与数理统计 [M]. 北京：北京大学出版社，2006.

[7] 葛余博，刘坤林. 概率论与数理统计通用辅导讲义 [M]. 北京：清华大学出版社，2006.

[8] 仇志余. 概率论与数理统计分级讲练教程 [M]. 北京：北京大学出版社，2006.

[9] 龚冬保，王宁. 概率论与数理统计典型题 [M]. 西安：西安交通大学出版社，2000.

[10] 杨洪礼. 概率论与数理统计 [M]. 北京：北京邮电大学出版社，2007.

[11] 陈魁. 概率统计辅导 [M]. 北京：清华大学出版社社，2005.